不懂權謀的人，無法做大事

馬基維利教你如何在職場上出人頭地

Machiavellian Intelligence

How to Survive and Rise in the Modern Corporation

馬克・鮑威爾
Mark Powell
強納森・季福德◎著
Jonathan Gifford

吳緯疆◎譯

各界讚譽

義大利哲學家馬基維利的真知灼見擲地有聲。如果想參與企業賽局，那麼你就得積極求勝。本書告訴你如何贏。這真是一本暗黑的精明好書！

——艾德・威爾（Ed Will）
前早餐經紀（The Breakfast Agency）品牌行銷顧問公司執行長

季福德和鮑威爾再度漂亮出擊！他們的最新創作傳授了如何在現代企業內成功致勝的法寶，並援引文藝復興時期義大利的權力鬥爭，提出全面性的精闢見解。他們認為，野心勃勃的企業主管應該效法馬基維利的策略，這樣的訊息讀來令人不安，卻又引人入勝。

——彼得・羅林斯（Peter Rawlins）
前倫敦證券交易所執行長

職業生涯是你人生的探險；運用你完整的潛力攀上顛峰，並避開公司的重重險阻，享受那個過程。本書教你致勝關鍵！

——尼克・布拉茲凱（Nick Blazquez）
前帝亞吉歐（Diageo）公司非洲暨亞太地區總裁

本書勇敢地說出如何在現代組織中獲得成功。請留意你的職業生涯，注意你與對手的行動與行為會如何對自己的職業生涯造成影響。

——克里斯・布朗（Chris Brown）
奧普頓布朗（Upton Brown）獵才顧問公司

本書將令你意外與震驚——只要你為企業工作，不論其規模如何，本書都是必讀佳作！書中的真實案例將激勵你，為你的事業與同事建立更好的璀璨未來，同時規畫與創造讓你引以為傲、讓社會更加美好的新企業行為、儀式與系統。

——安東・馬斯格雷夫（Anton Musgrave）
未來世界國際（FutureWorld International）資深合夥人

這是任何渴望在企業中晉升高階領導職位者的「必讀之作」。看到作者提出的各種案例，你會重新感受到親身經驗的那種椎心之痛，並開始體認到為了你職業生涯的最佳利益，自己真正應該且早該採取的那些行動。

——羅伯特・威廉斯（Robert Williams）
丹頓威廉斯顧問公司（Denton Williams Consulting）轉型總監

破解近年來理想化企業文化的良方。本書宛如當頭棒喝，提醒我們在商言商的現實。

——伊蘭妮・柴莫斯（Eleni Chalmers）
李奧貝納廣告公司（Leo Burnett）

目次

序章

企業是無情的主人

現代企業是一種高度不尋常的組織，迥異於過去數千年來人類發展的其他社會結構。因此，想要在現代企業中成功，所仰賴的行為就不同於在其他類型社群中成效卓越的那些做法。

有些人非常擅長那些能在現代企業中帶來成功的行為；有些人則無法依靠本能採取適當的職業生涯策略，即使他們可能在生活的其他領域中非常成功。許多人就算才華洋溢、聰明過人，也無法讓自己的職業生涯完全發展到其天資及能力應有的水準。

對現代的企業主管而言，若不在他們選擇的領域當中盡快爬升到最高的位置，那麼處境就會越來越危險。

我們的經濟已經發生了根本且永久的改變。人們期望絕大部分的職業生涯，甚或整個職業生涯，都跟著同一個雇主的時代已然結束。這種轉變改變了我們與雇主的互動關係，它意味著「忠誠」已經成為一種一廂情願的事情：你的雇主期望你忠心耿耿，卻無法保證會對你有相同的回報；如果在你職業生涯的任何時刻，「讓你走人」最符合企業的財務利益，那麼企業就不得不那麼做。我們已經目睹了製造業的工作機會因為自動化與全球化的效應而流失。許多過去需要人類的工作，如今都可以由機器人代勞，當然，也可能改由世界不同地區的人類來執行，因為他們願意以較低的薪資做同樣的工作。

同樣的情況也發生在一些新領域的專業工作上。電腦的能力和人工智慧的崛起，將使得越來越多的專業角色自動化，而隨著世界其他地區受過教育的專業人士崛起，更多的專業工作也將外包給開發中的經濟體。

如果你的工作正好有自動化或外包的危機，那麼這可不是好消息。無論你是工程師、設計師、會計師、研究員、行銷人員、經理，或其他任何一種專業人士，如今你的工作都比自己職業角色出現以來的任何時候面臨更高的風險。

本書將主張，現代就業市場的新現實，需要員工秉持一種新的無情態度：員工必須盡全力提升職業生涯，因為「把工作做好」將不足以保證繼續保住飯碗。要保護自己不至於淪為這個殘酷新現實的受害者，最好的辦法就是晉升到企業中的某個階層，由你負責做策略決策，而非承擔決策後果所帶來的衝擊。

說得直接一點，高居上位儘管艱難，但是身處中間階層才危險。

這個主張還有另一個面向：高居現代企業高層的那些人，獲得的報酬大幅超越中階主管。大型現代企業的執行長年薪將以數百萬美元計，中階經理人只可望賺到那筆龐大金額的零頭。職業生涯即將步入尾聲的最高階主管，財務之優渥很可能讓他們餘生不愁吃穿。在職業生涯中期就被「放生」的中階經理人，卻可能陷入財務窘境。

只有你能做出符合自己人生志向的職業生涯抉擇，但是如果你有興趣在自己選擇的領域中爬升到最頂端（或接近最頂端），那麼本書將提供無與倫比的寶貴建議。

企業自有生命

在本書中，我們將使用「企業」而非「組織」一詞，因為組織的種類繁多，如果聲稱「每個組織都是如此」，就言過其實了。更何況，企業有一種與眾不同的獨特本質。

企業本身創立時是法人，它們擁有自己的生命，獨立於任何時候為企業效力的那些人之外。這賦予了企業一種獨特的動態，往往也在企業與其受雇者之間形成一種非常特殊的權力關係。

本書所提供的建議，大多與提升你在企業中的地位有關。不過，這些意見同樣適用於其他許多類型的大型組織：政府機構、公共事業、教育單位，以及大型非營利組織等。如果在你工作的組織中，最高層職位競爭激烈，而你又是競逐那些最高層職位的競爭者之一，那麼我們對於企業中行為的看法也可以供你參考。

企業的獨立地位在它與其雇員之間孕育出一種不尋常的關係。這其中有一種不得不然的邏輯：

- 企業是法人，即法律眼中的「個人」。它們也可能長存不朽。
- 企業的目的是生存與昌盛發展；為了回饋那些投資金錢、讓企業成立，希望它成長的股東，企業必須獲利。任何時候為企業工作的人，都是它的雇員；企業支付薪資給雇員，唯一目的就是提高企業的獲利。
- 企業存在的目的不是雇用員工，而且一般說來偏好盡可能雇用最少的人力。企業也不是人類。企業對人類員工的興趣完全是基於自私考量，企業本身對它的員工也毫無感情可言（因為它不是人）。
- 企業目前的管理階層或許對員工和其他股東有感情，但是他們在必要時有責任壓抑這些感情，因為企業的利益必須擺在第一位。

如果（或因為）前面的陳述沒錯，那麼人們在企業中提升其職業生涯前景的做法，就會跟他們想要成為一般社群領導者時的做法不同。在一般社群中，個人唯有在看似增進社群整體利益時，才能脫穎而出。在一家企業中，個人則必須證明他們能增進企業的利益。這兩者不能混為一談。結果，主管希望在企業之內提升自己職業生涯前景的行為，經常顯得「不合群」。

為無情的主人效力

當我們為一家企業工作時，就是在為一個無情、自私的主人效力，而雙方的關係完全是由一紙法律契約來界定——我們和企業之間沒有「社交」上的連結。這代表同事與我們也沒有任何一般的社交義務，我們亦不該期望他們對待我們的方式，就像我們的朋友、熟人、鄰居或同胞那般。因為他們的責任是為企業效勞，而非成為社交群體的一員。

本書將闡述這種情況的後果，並提出建議，教導你如何藉由改變行為，來提升你在企業中的職業生涯前景。

這些建議幾乎都可視為太過「憤世嫉俗」。我們將企業界描繪成一個相當冷酷的地方，充斥著政治內鬥、政變、不斷變動的結盟關係、陰謀、背叛以及騙局；以相當不人道的方式對待員工，壓榨他們，而且經常在利用完之後便棄如敝屣。如此嚴厲的描述，不只是基於作者本身多年的職業生涯經驗，也來自與企業領袖、高層主管、人力資源專家，以及重量級獵才專家的訪談內容。在企業界中工作，當然能獲得成就感與報酬，不過企業在全球化世界生存戰中固有的那種冷酷，也促使企業雇員做出無情的行為。

我們說過，企業不像其他「一般」的社群，但它的社會結構在人類歷史上並非沒有前例。現代企業非常像封建社會，最終的效忠對象是君王或領主（執行長），而社會的組織方式則是根據一套以義務與報酬為基礎的高度階級化關係來安排。尼可洛・馬基維利（Niccolò Machiavelli）是十六世紀的偉大政治理論家，畢生研究文藝復興時期義大利的封建政治。當時義大利的各城邦不斷交戰，馬基維利就在他最知名的作品《君王論》（*The Prince*）中，敘述了領主們爭權奪利的種種血淋淋事實：權力傾軋、結盟、反叛、戰爭、衝突、欺騙，以及政治暗殺。

《君王論》在十六世紀初出版之後，立即掀起各方對於馬基維利道德立場的長期辯論。這本書清楚表明了，讓領主邁向成功的行為，往往都是虛假、不擇手段、無情，甚至殘暴的。馬基維利是支持那樣的邪惡行為，還是暗地裡其實是共和主義者，特地以諷刺的手法揭露那些憂心忡忡或野心勃勃的封邑統治者，為了爭權奪利而不得不做出的惡劣行為？不管答案是什麼，馬基維利都是一名政治現實主義者。他親身經歷了文藝復興時期義大利領主們的各種行為。尤其是馬基維利能以最近距離觀察的領主是凱薩・波吉亞（Cesare Borgia），因此他記錄下來的許多「高貴」行為，其實都是狡猾、欺騙，且極度殘暴的。

本書將顯示，馬基維利所描述的文藝復興時期成功領主的無情行為，可以做為一個近乎完美的範本，供有意追求成功的現代企業主管參考。

馬基維利主張，領主應該遭人懼怕，但不該受人憎恨；應該成為他人真正的朋友或針鋒相對的敵人（因為保持中立的風險更高）；軍事暴力是當時政治不可避免的一環；想要戰勝敵人，狡猾與欺詐是有效的必須手段；偶爾暗殺敵人也是可以接受的，但唯有「在正當的理由與明確的目標為前提之下」。他還認為，領主「最重要的是……不應該去碰別人的財產，因為人們很快就會忘記父親的死，卻忘不了失去的祖產。」[1]

馬基維利政治哲學的核心理念在於，領主的「惡劣」行為很可能是在動亂時期確保城邦生存與繁榮的必要之惡。領主的做法在平常可能被視為殘酷邪惡的，但由於其目的是為了城邦的最佳利益，所以他們可以獲得赦免。儘管城邦對敵人可能抱持「極端的偏見」，不過，維持城邦內部的合法性卻十分重要。在馬基維利的眼中，只要義大利文藝復興時期領主的力量、奸詐、精明，甚至殘酷，是用來增進城邦的安全與繁榮，那麼他們就稱得上偉大。

這正是身為企業雇員的現代主管所必備的條件，兩者可說是一模一樣。本書將主張，現代企業可以視為一種封建系統，與文藝復興時期義大利及其互相交戰的各公國，有許多相同的特點。我們將證明，馬基維利治國之道的核心宗旨，完全可以應用於大多數現代企業中那些滿懷壯志的主管所面臨的權力鬥爭現實上。

1 Niccolò Machiavelli, *The Prince*, Sweden: Winehouse Classics,2015; p 51

Part 1

企業行為核心現實的八個原則

引言

有些事情支撐著企業行為以及企業雇員行為的現實，卻鮮少被討論或獲得承認。一旦開始瞭解企業行為的某些核心現實，你就能夠更順利地在建立職業生涯的危險水域中，找出方向。

有八項核心原則是支撐企業行為的基礎，而它們也可以當成一個架構，用來瞭解比較可能帶來職業生涯成功的種種行為。

1 企業不是社會結構

人們經常在言談之間，將我們上班的企業說得像是一種自然或有機的物體；它們是「由想法相近的人所組成的社群」，或成員聚集在一起追求共同目標的「個人團體」。

如果真是這樣，那麼這個世界就可以說是一個更美好的地方，但實情並非如此。

企業不是「社群」或「個人團體」。企業是法人——從每個實務或哲學的角度來看，皆是如此。企業是擁有自己生命的實體。它們能存續好幾個世紀，歷經許多代的企業主管，而且本質上能夠改變與適應，有時候幅度還相當劇烈。一家生產自動織布機的企業可能決定改為生產汽車，就像豐田（Toyota）在一九三〇年代那樣。一家在草創之初從事發電和生產發電設備的企業，也可能改成製造收音機與電視、電腦，甚至涉足醫療與金融服務，如同奇異公司（General Electric）。

隨著企業日趨成熟及演進，它們的特質也會跟著改變：許多具有創新與員工賦權文化的新創企業，隨著規模持續成長，就轉變成官僚的科層體制，尤其是在企業股票上市，必須為新股東負責之後。這並不是原本創業期的員工「社群」想要的結果；而是因為企業的高層認為這種轉變對企業及其新股東最為有利。

企業與民族國家類似，因為它們的存續在任何時候都與個別成員無關。不過，這兩者有一項重大的差異：民族國家的存在是要給人民及其子女想要的那種生活品質。隨著時間過去，人民因追求這個目的而將它們塑造出來。在戰爭或國家大力發展的時期，人民會承受苦難，甚至「為國」捐軀，不過純粹是為了後代子孫能夠過更好的生活，而非為了保護某種抽象的存在體。民族國家是最複雜的一種社會建構，而且最終仰賴我們的社交能力才能運作。驅動它們的是我們共同的願景；它們利用了我們喜歡集合成團體的那種本能，並遵循社會參與的常規。

企業就不一樣了。

成功的企業能夠創造財富，幫助我們所有人改善生活。企業固然可以選擇照顧為它們工作的人，善待他們，但這不是重點。企業不是以社群福祉為基礎，為後代子孫創造更美好生活的「一般」社會結構。它們適用不同的規則。

如果你和某些想法相近的人團結起來，希望達成某個共同目標，比方說為了整個社區的福祉去挖一口井，那麼就適用一般的社會行為規則。屆時將會出現領導人，社會階層也會一如以往發揮它們的作用，而你可以信任團隊成員，他們會表現出符合人性的行為。大部分的人都會充滿熱情，予以支持。在那個小舞臺上可能上演一些小小的不和或嫉妒戲碼，但是大家都會團結在挖井的共同目標之下。如果你努力工作，人們會感謝你。你的社區會表揚挖井的人。你、你的工作和你的社區之間形成了一種關係。每個人都因為挖井而獲利；你們結合成一個團體，才讓目標得以實現。

然而，你和企業之間不會出現這種有意義的關係，因為企業不是一個由人組成的社群：企業的任何作為，都是為了追求企業的利益，而非「社群」的利益。這並不是說企業之中不存在所謂的社群。事實上，人們非常渴望創立真正的社群；企業中的一組組人馬往往會自己形成某一種社會團體，但它們不是真正的社群。這一個群組是因為企業才存在，而且它的任務完全根據企業的最佳利益而定，而非群組本身的利益。企業當中可能會出現一種社群的凝聚感，但這不代表有一個真正的社群存在。

真正的社群是為了自己而行動，以追求社群本身的利益為目標。人們會協調適應，偶爾做出重大犧牲，因為那是為了每個人的利益，也因為在社群之中有一種利他與信任的精神。然而在企業裡，所有的事情都是為了企業的利益，而非其成員的福祉。在這種企業利益與雇員利益脫鉤的情況下，人與企業的關係，以及企業成員彼此之間的關係，幾乎完全以自我利益為出發點。

2 企業是封建王國

想要有效提升你的職業生涯，最有用的方法就是將企業當成一個封建王國。

封建王國的最高層有一個君主，接著有一個宣示效忠君主的貴族階層，後者受封土地，同時也必須承擔某些責任和義務。貴族接下來又授與土地給底下的人，以取得各種收入與服務。為求方便起見，我們可以忽略不同貴族階級（領主、公爵、伯爵等）之間的細微差別，統稱所有貴族為「勛爵」（baron）。勛爵誓言效忠君主，在道義上必須出席議會，更重要的是在戰爭時期與士兵共同為君主出征殺敵。

在勛爵底下的封建階級是騎士，他們也必須從軍。有些人因為非軍事服務而受封土地；位居社會結構底層的是農奴，他們向莊園主人租用農地，地租有時以金錢交付，但更常用土地生產的農產品，或是靠自己的勞力為主人做各種工作來充當地租。那是一個以義務來交換權利的複雜制度。

馬基維利對封建權力結構做了一番非常有趣的形容，將它與鄂圖曼帝國進行對比。鄂圖曼帝國在馬基維利在世的十五世紀晚期到十六世紀初期之間，正好接近全盛顛峰。馬基維利對鄂圖曼蘇丹（Sultan）的權利結構充滿興趣。他指出，鄂圖曼帝國由蘇丹統治，而這一個君主將他的國家劃分成不同區域，再指派人選去治理。馬基維利將這些官員稱為蘇丹的「僕人」，甚至「奴隸」。

他想說的重點是，他們的職位與報酬完全仰賴蘇丹，而蘇丹也經常處決那些不投其所好的行政官員。結果，馬基維利指出，蘇丹要將這些握有權力的僕人變成敵人，變得非常困難，就算他們可能叛變，或像他說的「貪腐」，他們也不太可能帶走其管理區域的人民，因為那些人認為真正的君主與主人是蘇丹，而不是任期短暫的行政官員。

馬基維利做出的結論是，要征服統一且強大的鄂圖曼人是非常困難的，但他們一旦在戰爭中被徹底擊垮，新的統治者要控制這個帝國便相對容易，因為它早已習慣由中央掌控，何況內部也沒有其他重要的權力基礎。在贏得艱困的軍事勝利之後，只要殺光蘇丹家族的每個人，獨攬統治大權，掌握建制派行政官員即可。

馬基維利將它與十六世紀法國的封建權力結構加以對照。法國國王（在馬基維利生前，大部分時間在位的是路易十二）無疑是國家元首，而他的勛爵們乍看之下就相當於鄂圖曼蘇丹的「奴隸」。但是這些勢力強大的勛爵與蘇丹的僕人不同，因為他們轄下的人民相當擁戴他們：畢竟，人民的土地與生計都仰賴這些勛爵。法國的諸多勛爵象徵強大的權力基礎，個別的勛爵很可能對他們的君主心生不滿，甚或為了一己之私，與外國勢力勾結。

事實上，這些握有權力的勛爵始終是封建法國內部一股不安定的力量。馬基維利認為，那樣的權力分派造成征服這個國家並不費力，可是要維持它卻比較困難，因為新的領主不能殺光所有勛爵，而且任何一個勛爵在未來都可能反叛新的領主。

如果根據標準的組織理論教科書，我們可以將現代企業想像成一個蘇丹國，就像鄂圖曼帝國那樣，有一位獨攬大權的統治者，也就是執行長，他會指派僕人（高階主管）到企業的各個重要辦公室去。或者，如果我們更天馬行空一點，可以將企業想像成某種技術官僚體系，負責向執行長報告的各組專業經理人不必考慮政治因素，隨時都可以決定什麼符合企業的最佳利益。

在現實中，現代企業確實是一種封建結構，頂層有一個強而有力的「君主」，不過也有許多擁有龐大權力的「勛爵」，可以指揮他們封邑的忠誠人民。這些勛爵的相關權力和影響力不斷在變動。勛爵有時候受到君主的青睞，有時候則備受冷落，主要是看他們當時對君主有多大的用處，不過也要看他們多努力討君主的歡心，當然還有他們個人的地位。現任君主往往會善待可能接掌王位的勛爵，即使君主可能同時密謀讓對方垮臺。任何勛爵在任何時候受到君主喜愛的程度，決定了他們可以推薦支持者以讓自己在宮廷獲得認可與晉升到什麼地步。

我們要記住一個重點，君主同樣會來來去去。他們可能死亡，也可能遭到外國勢力或國內的叛徒推翻。莎士比亞的歷史劇描述了十二至十六世紀英格蘭國王與女王的命運，以及他們的英國貴族支持者與敵人的遭遇，也就是那些公爵、伯爵與勛爵。在這些戲劇中，英格蘭王位有時在君主辭世後，依據世襲的繼承順序和平地傳承下去；有時王位則遭人篡奪，君主遇害。君主與篡位者同樣都會拉攏盟友與支持者，建立自己的權力基礎，偶爾會發生衝突；戰役與行動經常因為一次重大的背叛或最後時刻獲得支持，而分出勝負。

企業執行長和封建君主儘管有不少共同點，但是執行長的掌權時間可能比一般封建君主還要短。根據《財星》（*Fortune*）雜誌二〇一五年的報導，其企業執行長資料顯示，美國前五大百企業的執行長有一半的任期不到四・九年。[2] 在企業界中，「君主」經常變動。當這種改變發生時，企業內的一切亦隨之改變：舊的結盟瓦解；前景看好的職業生涯縮短；新的權力浮現。

從你職業生涯的角度來看，提醒自己「現代企業具有封建結構特色」其實非常有用。你可以探尋企業裡重要的權力基礎；思考它們相對力量的大小；細想有誰心

2 Jeffrey Sonenfeld, 'CEO exit schedules: A season to stay, a season to go', *For-tune*, May 06, 2015. http://fortune.com/2015/05/06/ceo-tenure-cisco/

存不滿或野心勃勃；同時在你誓言效忠、尋找自己的盟友與支持者之際，非常小心地權衡他們未來成功的機會。

如果缺乏高層的支持，你的職業生涯就不太可能順利發展。企業鮮少「主動提拔人」，讓他們升遷，儘管企業簡介上都這麼說。人們依靠外人的協助與支持，而獲得職位的機率，遠遠高於全然靠優異表現而升遷的可能。

企業的封建階級本質最後還會帶來一項殘酷的後果：就在你努力往上爬，逐漸接近體系的顛峰之際，剩下的職位自然也越來越少。如果你要成功，就必須有別人失敗。

3 企業宮廷的成規與陰謀

如果企業就像一個封建王國，那麼總公司與主管辦公室便代表封建宮廷，那是做出重大決策的地方，也是計畫、陰謀與詭計誕生之處。人們的職業生涯就在那裡開創出來或遭到破壞。

在這裡首先要強調一個非常明顯的事實，就是如果你想要提升職業生涯，就必須晉身宮廷。身為帝國某個偏遠角落的勛爵是一回事，深陷於宮廷的行動與陰謀中又是另外一回事。為了自己的事業，你有必要進入宮廷，讓自己受到矚目。許多出身卑微、一路爬到高峰的人，都是讓自己躋身宮廷，設法給人留下深刻的印象。如果你已經是一方之霸，卻身處帝國的偏遠角落，就必須經常在宮廷（總公司）出現。因為遠離宮廷而長期置身於陰謀之外，或許是一項優勢；但知曉陰謀，卻在宮廷沒有強力的朋友與盟友，則是一場災難。

當你抵達宮廷後，務必記得，每個宮廷都大費周章設計了一些服裝和行為上的規矩，目的在於突顯宮廷有多麼特別；重要人物知道在宮廷裡該表現什麼樣的行為舉止，至於「鄉巴佬」就不懂了。

那裡有所謂的潛規則和特殊的服裝規定。如果你是個勇敢的個人主義者，大可我行我素，無視於那些無聊的規矩，可是如果你學會那套禮儀，表現出重要人物的外貌與行為，日子就會比較好過，職業生涯也會晉升得更快：那會使你成為「我們的一分子」。

打扮與行為舉止特立獨行，固然能引起掌權者的興趣，但也可能非常危險。如果不是「我們的一分子」，邁向成功的機率就非常低。就像生物有抗體，能攻擊被視為外來威脅的細菌和病毒，以免感染疾病，企業往往也會攻擊與排斥那些被它們視為「外來者」的人。

表現出正確的規矩，等於是通知抗體你是無害的：你是「我們的一分子」。一旦弄錯了規矩，顯然你就成了潛在的威脅；抗體便可能展開攻擊。企業抗體尤其手下不留情。只要有一丁點跡象顯示某個人並未完全投入企業的目標，它們就會認為那是潛在的威脅。

你沒有必要把靈魂都賣給公司，但重點是要讓企業相信你已經那麼做了；只要它們產生一絲懷疑，就可能危及你的職業生涯。按照規矩來，是打進企業宮廷的重要步驟。

一旦掌握了宮廷的重要規矩，你就應該眼觀四面、耳聽八方，密切注意企業的陰謀。如果你已經接近權力核心，就會完全明瞭那項陰謀，因為你將深陷其中。在職業生涯的初期，你非常容易成為某人遊戲中的一顆棋子，在一項你根本不清楚狀況的陰謀中當砲灰。知識就是力量，八卦更是無價——只要它經過仔細地交叉對照查證。

4 成功的朝臣會主動追求更上一層樓

我們往往會想像，一旦加入一家企業，所有人都會清楚看見我們的才能與努力，我們將因此受到提拔，更上一層樓。

但這種情況發生的機率非常低。

你必須到宮廷去，至少有機會受到重要人物的注意，才有可能在職業生涯上有所進展。在宮廷上，才能與努力並不是最重要的條件；能夠建立與經營那些關鍵的人際關係，再加上巧妙的手段運用，才是更有效的做法。

沒錯，攀升到高階職位的人，幾乎無不擁有某種程度的才能，沒有努力工作的人更是少之又少，但是這些條件只能為潛在的成功奠定基礎；它們絕對不是成功的保證，甚至也不見得必要。如同知名基金經理人彼得・林區（Peter Lynch）在一九八〇年代提供選股建議所說的：「選擇一家任何白癡都能經營的企業，因為應該遲早都會有白癡去經營它。」

當然，你絕對身懷才能、活力充沛，而且努力工作。但是不要以為這些特質就足以擔保成功的到來。世界上充滿了才華洋溢、努力工作的人；但他們當中卻沒有幾個是企業執行長。你不妨將自己當成一個奢侈品牌，例如一款昂貴的手錶。畢竟你要價不斐，企業花了大把金錢聘用你。你必須說服公司當權派，讓他們想要「購買」你，這不盡然是指在一開始雇用你，而是讓企業選擇去提升你的職業生涯。此外，如果你自己的品牌促銷計畫，能夠讓他們對剛剛做的購買行動更放心，也會有相當大的幫助。你要價不斐的這個事實，其實無關緊要（每個高階主管都很昂貴；有些人更是貴得不可思議）；最重要的是，他們相信讓你升官到更高的職位是一項聰明的決定，符合企業的最佳利益。

你個人的「品牌塑造」還有另一項好處。如果當權派必須說明為什麼讓你晉升高階職位，你就能提供他們現成可用的答案：「客戶非常喜歡馬丁，他對我們來說價值數百萬元。」「沒有人比珍更會節省成本。」「亨利是談判高手。」「蘇妮塔真的使命必達。」

挑出你的獨特賣點，找機會與重要人物搭上線，告訴他們，你與其他人不同的地方。這樣等於是給他們一個懶人包，可以用來解釋他們為何決定讓你升官，如果你在升遷之後搞砸了，至少也提供一套隨手可得又可信的說法給他們。「這個嘛，我們給亨利這個職位時，他在談判方面的名聲非常好；現在看來，他就是無法應付這個層級的工作。」「大家真的都說蘇妮塔使命必達，可是當她上任之後，我們卻沒見到太多實際的成果。」這樣的立場比起以下的說法好多了：「老實說，亨利原本名不見經傳。他在先前的職位上表現非常出色，所以我們想給他一個機會。看來我們犯了一個愚蠢的錯誤。」情況不能如此發展，因為當權派不希望被人發現他們冒了那種風險。

創造自己的品牌，推銷自己。給別人一個幫助你提升職業生涯的理由。沒人會主動提拔你的。

5 強勢的主人需要忠心耿耿的追隨者

我們已經知道，擁有某種關鍵的「品牌價值」，讓人相信那是你的特質（領導能力、天生的銷售技巧、優異的策略洞察力、高超的執行力等），對職業生涯極有助益。然而，千萬別忘記「忠誠」這項簡單的特質。

每個想要增強勢力的掌權者，都需要支持者。當他們發現為了權力可孤注一擲的時刻來臨時，知道（或希望）這些人會跟著他們一起走。畢竟，一心想成為領導者的人，都需要追隨者。你務必明確挑選出一個擁有權力的人，做為你最喜愛的目標。對方會是你願意跟著上戰場的人。至少這意味著你將是一個可用的步兵（這裡依然採用軍事上的比喻）；那個掌權者能把你視為「支持者」。這一點極為重要。

對於期望掌握重大權力的主管，企業非常重視他們獲得支持的程度。偶爾，企業會刻意忽略這一點，挑出一個「不受歡迎」的人——他是個怪咖，但是企業相信他具備公司在危急關頭最需要的特殊能力。然而，一般說來，企業想要充滿信心地知道它的新領導者擁有一批追隨者；這位新領導者已具備現成的支持基礎，可以輕鬆上手。

當然，你會希望自己不只是一個步兵，未來還能有機會在新領主的軍隊中當上將軍，成為他們宮廷中的要角。如果你追隨一個關照者（sponsor）到某個程度，隨著雙方的關係逐漸發展，這一點在你看來可能會很明顯：你的關照者會讓你知道他們覬覦的某個角色，也會表明如果他們能依靠你持續的支持，你就有可能晉升到某個職位。當然，為了晉升到那個職位，你本身需要具有相當的權力，同時證明自己的價值。

那個具有權力優勢的人必須有辦法說：「如果我升官，我會期望安排你擔任這個重要的角色。我們對大部分事情的看法都一致，你是個非常值得我信任的人。」在這個時候，企業必須完全認同讓你升遷到一個掌權的職位確實是好事，而且他們能將你視為忠心的支持者，是即將升遷的這位關照者的功勞。

然而，你的事業可以在達成這般快樂局面之前就更上一層樓，只要找到你認為前途看好的那個人，並讓他知道你對他有信心，願意支持他。對方的反應一定是受寵若驚，他們也會因此對你產生好感：畢竟，如果有人肯定你的才能，你實在不太可能把他們當成大笨蛋。

此外，還要提醒你自己，忠誠可以改變。如果你選擇的未來領主開始褪去光芒，而你決定改變效忠的對象，他們的對手無疑會樂於接受你的支持。職業生涯中會有一些關鍵的時刻，讓你能夠察覺一顆明日之星的光芒開始黯淡，而這種能力是影響你職業生涯進展最重要的一項因素。在權力轉移的時候「身處錯誤的陣營」，可能成為職業生涯中的一大挫敗。

話說回來，既然獻出忠誠不必花錢，馬基維利派的主管或許可考慮讓幾個爭奪權力的主要競爭者相信，他們能夠仰賴你的堅定支持。唯有在採取行動的那一刻，你才必須無可避免地表現出自己真正的態度。我們也必須記住，支持錯誤的對象通常只是一時的挫敗，而非摧毀職業生涯的大災難。這些忠誠的保證和暫時性的結盟，並沒有公諸於世，或是以白紙黑字寫下來。

新的當權者日後可能尋求你的支持。不過，你當前的敵人更具危險性，那就是目前占據你希望獲得的職位的那些人。

在理想的世界中，請對下一個贏家獻出你的忠誠，並運用你的影響力，確保他們穩穩地贏得勝利。

6 誰都不能信任

提醒你自己，企業行為的首要現實（這是關鍵）：企業不是社會建構；它們在本質上並非社群；人們為企業工作，是為了追求自己的目標；每個人都有各自的利益。這不代表你不能交工作上的「朋友」；只是你得不斷提醒自己，他們不是真正的朋友——他們是恰巧和你一起工作的人，只是比起其他同事，你比較喜歡他們。

最重要的是，當任何人說什麼或問什麼時，記得仔細思考他們的目的可能是什麼，就連你的朋友也不例外。沒有一個問題是天真單純的。你在任何時候說的話，都可能有利於你的職業生涯或毀了它；一段不智的發言可能破壞多年的工作心血。

偉大的法國外交家查爾斯．莫里斯．塔列宏—佩里戈爾（Charles Maurice de Talleyrand-Périgord，在歷史上較知名的稱呼是「塔列宏」），先後為拿破崙以及其繼任者路易十八效力，聲譽卓著。拿破崙是法國大革命後建立的新共和國的領導人，路易十八則在拿破崙最終戰敗後再度登基，而他哥哥是在法國大革命中遭斬首的前任國王。塔列宏前後為兩名主人效命的功績著實令人佩服，尤其這兩人曾經極力摧毀對方，卻都給予塔列宏高度的評價。

塔列宏曾經擔任主教，而且是一名貴族，正如他的全名所顯示。他在某些關鍵時刻遠離法國，因而躲過了上斷頭臺的命運。首先他到英國，企圖協調新的法蘭西共和國與英國之間能夠停戰。後來，英國政府驅逐所有法國國民，以及法國革命政府發出塔列宏的拘捕令之後，他又逃到美國。我們難以想像，身為革命前舊體制人物的塔列宏，竟然受到拿破崙的全然信任。拿破崙在成為一個相當傳統的國家元首之前，曾經強力支持革命。我們也很難想像塔列宏會贏得重新登基的路易十八國王的絕對信任。

當塔列宏覺得拿破崙的興趣是在擴張帝國版圖，而非確保法國的安全時，便積極謀反。拿破崙當時曾經說過一句很有名的話，塔列宏是「穿著華服的混蛋」，他可以「像砸破玻璃杯一樣打垮塔列宏，只是那樣大費周章並不值得」。我們也能理解，重返王位的路易十八，不會太信任曾經大力支持拿破崙、強力捍衛反君主革命的塔列宏。塔列宏雖然不受關照者的信任，但是他身為出類拔萃的外交官，在這兩人心目中具有無上的地位：他魅力無窮，個性狡猾，能夠與君主及皇帝折衝協商；他能在交誼廳打撲克牌的過程中，僅憑仔細推敲斟酌的幾句話，就改變歷史進程。

塔列宏是個非常值得欣賞的人。在他的諸多妙語佳句中，有一些極具參考價值的忠告：「不要相信一開始的衝動；雖然它們幾乎都是好東西」以及「言詞的功用是讓人掩飾想法」。

在企業世界中，請採納塔列宏的忠告，不要犯下這個錯誤：對任何問題做出自然而誠實的回應。不要自我貶低，避免說出諷刺、挖苦和機智的話，因為它們往往會遭人誤解。仔細思考提問者的問題，想想對方可能有什麼個人動機，再做出符合你最佳利益的回應。至關重要的是，你的回應不見得要是實話（實話通常很危險，儘管它偶爾能發揮出乎意料的力量）。最要緊的是，你的回應必須是可以辯護的——它看似實話，而且實際上根據現有的證據，也有可能是真的。無論如何，你的回應都將很快被人遺忘，除非它帶來不好的後果。

所以，舉例來說，「是的，我們恐怕無法達成那項目標」這樣誠實的回應，會烙印在發問者的腦海裡，進而成為對你不利的因素。如果你的回應類似於「我們碰上誰都沒有預料到的阻礙，但是在過程中還是達到了不少成果」，就等於無形中向對方保證你懂得如何面對大局，甚至給人的印象是你非常巧妙地處理了這次失敗，而且有相當的功勞。

此外，這也是讓對方開始對敵人產生懷疑的好時機。「我們碰上誰都沒有預料到的阻礙，但是在過程中還是達到了不少成果。可是我不得不說……別傳出去，我們確實對羅傑的部門感到非常失望。但這應該不是他們的錯。」如此一來，你等於是讓人對羅傑及其部門所進行的工作產生懷疑，也撇清了你自己的責任。

不要信任任何人。當別人問你任何問題，請做出符合你最佳利益的回應。不論什麼事情，真相總是難以辨別；提出一個對你傷害最大的真相，實在毫無道理可言。

7 人人都可用完即丟

年輕的時候，我們相信自己永生不死；工作的時候，我們相信自己不可或缺。

請提醒你自己，企業跟你不一樣，它們才有可能永垂不朽。為了追求目標，它們會消耗非常大量的成功主管，同時也會拋棄他們；而且企業經常使用沒有必要的不公平手段，有時恣意妄為，凶殘狠毒。

話說回來，企業也培養了一些高階主管，豪氣地給予他們豐厚的報酬，甚至讓他們達到富甲一方的地步，有能力自由選擇離開企業的時間，悄悄邁向富有的燦爛未來。你有可能成為那樣的成功主管，但如果你自以為不可或缺，則容易使你達不到這個目標。

請隨時提醒自己，你必須讓企業相信你是不可或缺的。如果企業對這一點有一秒鐘以上的遲疑，你就輸了。

當然，你並非真的不可或缺；沒有人是不可或缺的。說一句殘酷的實話，大部分的人對於企業的目標，其實沒有做出任何真正傑出的貢獻：不管誰在當時填補哪個特定角色，他們都設法不做太多事，以免改變公司原本的方向。

少數幾個耀眼的明星所達到的成績，其實只有他們個人可能實現；如果公司明白他們真正的價值，給予足夠的報酬，他們確實會很幸運。但如果他們明天被公車輾過，公司還是會一如往常地繼續營運下去。

企業原本就禁得起失去任何一個主管。企業的創辦人之所以被人懷念與尊崇，有一個十分充分的理由，因為少了他們的才幹與努力，企業就不會存在。在他之後維持企業營運的高階主管，他們表現的優劣可以根據績效來判斷，也都是可以被取代的，而且如我們所見，他們待在職位上的時間往往相對較短。就連執行長都能夠被取代的這項事實，應該可以讓你仔細思考一下自己的工作是否有保障。

位居權力階級最底部的員工往往相對安穩，除非像先前所討論的，企業有一天發現可以將底層員工的角色自動化或外包，以節省成本。中階經理人的風險最高，畢竟他們在權力階級中的地位不低，成木相對昂貴。企業習慣解雇整個中階管理階層，然後要求先前向中階經理人報告的那些員工，承擔前主管實際上執行的任務。這些「提高效率的措施」鮮少成功，而對於工作剛剛被「合理化」的中階經理人來說，也不會對此感到欣慰。

中階經理人的另一項風險是，他們會成為高階經理人權力鬥爭中的棋子。許多所謂的管理階層人力「精簡」，並非真正的精簡。長期來看，人數並未減少；這些「精簡」動作只是組織重整的一個方式，目的是為互相競爭的高階主管，創造可用的新治理權威和權力基礎。這時候，向對的高層人物獻出忠誠，就可能很有用：高階主管會設法保護忠心耿耿且用得上的支持者，為未來的權力爭奪戰鋪路。

當然，就連非常資深的高階主管也逃不過被解雇的命運。爭奪企業中最高階職位的競爭者，遭解雇的情形並不少見，原因正是他或她沒有獲得最後晉升的機會，而他們往日的對手，也就是當前的掌權者，認為過去的競爭者如果離開公司，自己才會覺得比較舒坦。

高階主管、甚至執行長無法長期掌權的這種真實風險，當然是頂層主管的酬勞如此高的原因之一。幸好，那一大筆錢綽綽有餘；即使僅任職區區幾年，他領到的高額酬勞都足以讓他舒服過一輩子。這就是你要盡可能登上職業階級頂層的原因之一，而且越快越好。你本身的職能非常可能在職業生涯的某個時候遭到免除，所以你需要盡可能多賺錢，越快越好。

請極力創造這個印象：「你本身在任何時候對公司都是不可或缺的。」畢竟，公司裡有其他任何員工像你這般投入、聰明、機智靈活嗎？而且，公司何必冒不必要的風險，做出任何改變？在創造這種印象的同時，請提醒你自己，這是一種巧妙的虛張聲勢。只要你踏錯一步，公司就會免除你的職務。

因為你可有可無，你永遠都不能高枕無憂。

翻翻任何一本歷史書，你會發現在商業、政治或治國上，極少有權力人物最終能夠躲過失勢的命運：他們可能面臨政變、刺殺、背叛、權力流失與年輕篡位者崛起、不可避免的失敗不斷累積、不合理的意外「事件」。

你越沒有權力，就越弱勢。唯有權力能帶來某種程度的安穩。不過，權力增加也帶來更多威脅，因為敵人會變得更加嫉妒你。

這是一場你到最後注定會輸的賽局，請接受這項事實。在此同時，持續累積你的權力。

8 企業時時處於備戰狀態

有一個千真萬確的事實，那就是所有企業都時時處於備戰狀態。創新的產品與工法長期寡占的時代早已結束。全球商業的世界已經變得超級競爭。結果，成功的企業不斷陷入偏執妄想，可以說是處於永久性的備戰狀態中。如果你接近企業的指揮結構頂層，就會知道此言不假。高居企業最頂層的人都覺得他們四面楚歌；認為自己彷彿在對抗兵臨城下的野蠻人。這直接造成其他主管在他們眼中只剩下利用價值，就看那些人能否幫助他們擊退敵人。

這不是一場賽局；它攸關生死。請讓自己處於備戰狀態。記住，你有兩組敵人：外部的競爭，他們削弱或破壞你工作的企業，企圖奪走你的生計，另外還有你的同事，他們極力想奪取公司內部的權力，而那也正是你自己所需要的。

非常有趣的是，對抗外部競爭是一項既定的事實。它是「日常工作」，是你為企業盡忠職守時必須做的事情。你需要挪出更多時間與努力，應付另一條戰線——與同事之間的戰役。

為了打贏這場戰爭，你必須累積足夠的資源，或者像軍方的說法，「軍備」。在工作上，你的軍備將是你的技能與知識基礎、成就（或者說得更精確一些，你在重要人物認知中的成就），以及人脈基礎。人脈基礎是指你在對抗敵人時身邊的整個人際網絡，包括忠誠的內部支持者，以及企業外部的相關人脈。實際上，後者一般說來比不上企業內部的高階主管，但是擁有廣闊人脈的主管總是被認為特別吸引人。如果你能夠說你跟某某公司的董事長同屬某一個壁球俱樂部的會員，或者你跟某位副部長有交情，都算是格外有用的「軍備」。

請開發你擁有的資源，更重要的是，突顯你的資源。讓公司當權派明白，你隨身帶來許多可用的東西。盡量創造一種你自己價值不斐的感覺。

跟任何的交戰團體一樣，你也需要盟友。請務必在企業裡和企業外部更大的利害關係人網絡中，結交重要人物，讓他們支持你更上一層樓。如前面所談的，別忘了你支持者的忠誠會隨著時間改變，而你自己也需要做好準備，在關鍵時刻改變效忠的對象，甚至偶爾要轉而攻擊過去的盟友。

還要提醒你自己（這一點將大幅影響戰術及策略），若要戰勝勢均力敵的對手，通常得依靠戰士在特定時空將強勢的力量用在對付敵人相對虛弱的一個點上。你的任務是明辨那些暫時的弱點，也就是同事偶爾出現的惡劣表現，然後用你巧妙累積的強勢資源予以痛擊。

讓自己始終處於備戰狀態。表現出沉著冷靜的樣子——部隊喜歡也信任面對高度危機時仍保持平靜的指揮官——但時時提醒自己，你所面臨的狀況既不平靜，也不在掌控之中。你該選擇如何行動？你要誰支持你？誰對你有用，誰又是在浪費時間？你有正確的資源嗎？權勢人物是否將你視為他們自己戰爭中的可用盟友？

小結

如果這些企業行為現實的描述正確的話（根據我們本身以及本書研究期間對談者的職業生涯經驗，情況確實如此），那麼馬基維利的智慧為什麼可以當作建議與指導的來源，就變得非常明顯了。現代企業中的權力爭奪戰，與文藝復興時期義大利各公國之間持續不斷的小型戰爭，以及任何中世紀的封建宮廷，都有許多共同點。

成功的企業主管在現代組織內應該如何表現，才能提升他們的職業生涯，以上八項組織行為的原則顯然會造成重大的影響，尤其是他們天生的性格傾向不太適合企業行為的馬基維利式特質的話。

在接下來各章，我們將探討才華洋溢、努力工作且聰明睿智的主管們身上，最常見的六種「壞習慣」。這些看似「良好」的行為，事實上對他們形成限制，阻礙了他們全力發揮職業生涯的潛力。

Part 2

失敗主管的六大習慣

對職業生涯有害的六種「好」習慣

1 太努力工作

所有成功的主管都很努力工作；甚至可以說太努力了。在現代企業中成功的人，無不長時間投入在工作上，不過光是努力工作，不太可能為你帶來職業生涯上的成功。相較於以「聰明」的方式工作，「努力」工作甚至可能傷害你的職業生涯發展，其主要原因有三個。

首先，太努力工作的人可能變成隱形人。他們無法引起高層長官的注意，因為他們整天埋首工作，抽不出時間來做一件非常重要的事情，那就是告訴公司中的其他人，自己的表現有多麼優異。他們變成「值得信賴的人」，高層長官知道自己能信任他們，可以交辦最艱鉅的任務，然而他們卻缺少「明星特質」，不是準備更上一層樓的那種人。

第二，太努力工作的人往往不懂得挑選自己該做哪些工作。他們做的是自己認為必須做的工作，而且莫名地認真。他們跑去支援各種「特別專案計畫」，躲不掉那些受不到多少關注又需要耗費大量心力的工作，或者搶不到那些能受到高度重視的重要專案計畫，讓關鍵人士注意到他們。到頭來，他們被龐大的工作量壓得喘不過氣來，沒辦法花時間規畫與安排必要的曝光及會面，好提高自己在重要人物心目中的分量。

最後一點，光是拚命工作，永遠不足以確保職業生涯的成功。運氣在職業生涯中所扮演的角色，其重要程度比任何人願意承認的都來得高。市場狀況可能對你不利；超出你控制能力的環境因素可能摧毀你的心血。此外，公司也執迷於短期的績效評定標準；即便你的努力將在未來獲得非凡的成果，你的職業生涯也可能在內部政治氣氛不對的時候，因為單季績效不佳而遭受損害。光是拚命工作永遠不足以確保成功。

比較重要的反而是，要占據一個從企業政治的角度上看來較優越的位置，以便抓住任何可能出現的機會。你必須為職業生涯的成功奠定基礎，而那些成功不盡然仰賴努力工作所帶來的短期成果；你也需要在日常工作中挪出時間，讓自己有餘裕去從事額外的「政治」工作，才能飛黃騰達。

最典型的錯誤就是自以為只要努力工作、完成預期的目標，公司就會確保你步步高升。實情並非如此。

不要陷入「做事」的泥沼，這一點很重要；你必須排好運用時間的優先順序，才能夠在做好自己的工作之餘，也讓職業生涯有所進展。

你在為各項工作安排時間以及投入程度的優先順序時，有一項重要的技巧；你需要的第一樣東西就是「無情」。工作「有效率」固然重要，但是你也必須掌握這個字眼所具有的某個非常特別的意義。你要明辨在自己的職業生涯中，什麼才是「有效率」。你必須交出能讓重要人物印象深刻的成果，同時還能找到時間讓他們認識你，進而使你的職業生涯更上一層樓。

真實案例

面貌模糊的人

馬修在職業生涯初期擔任一家國際連鎖餐廳英國分公司的總經理，目前則是某公司的執行長。他與我們談到，如果你相信努力工作總是能獲得回報，又無法向重要人物推銷自己，會有多麼危險。對此，他提供了一些不錯的意見。

當我在那家公司服務時，我特別記得一個例子。有兩名區域業務代表想要爭取升遷。其中一個十分努力工作，我也知道她為客戶，也就是我們的加盟主，設想得非常周到。她的個性有點害羞，不太會積極推銷自己。我們不常在總公司見到她。我確定她認為自己的努力會獲得回報，而我也猜測，在高層長官面前自吹自擂，應該會讓她很不自在。

另一方面，她的那位同事總會找藉口進總公司，「巧遇」資深主管，告訴他們她達成了什麼目標。由於高層長官經常在辦公室見到她，就將一些對他們自己有利、也對她有利的小事，交辦給她。「我們考慮試試這個構想，你能讓我們知道你那個區域對此有什麼看法嗎？」而這又給了她一個回到總公司的理由——將相關回饋帶來，儘管我寧可她將大部分時間花在外面跑業務上。

在升遷上，我偏好比較沉默的那位候選人，因為我知道她工作很努力；我知道她會埋頭達成目標。但是，我無法說服資深同事們。他們心中對比較外向的那位候選人有定見；他們覺得她比較主動，比較積極。不過，我會認為她只是比較大聲地說出自己所做的事；我覺得她真正做的事，不如她希望人們知道的那麼多。主要的問題在於，較沉默的那位候選人對資深主管來說只是一個面貌模糊的人。他們會在聽完我的意見後說那樣有風險。

這兩人的面試表現都不錯，可是他們認為另一位候選人具有優勢，較沉默的候選人代表風險較高。我沒有足夠的理由可以反駁他們，而且我也不要他們覺得我在強迫他們選擇特定的候選人。可是在這個案例中，我覺得好像是工作較不努力、比較會自我推銷的候選人得到了那個職位。你必須努力工作，但也必須推銷自己。光是努力工作不足以確保成功。

案例分析

如果擁有關鍵決定權的人與你沒有任何交集，他們也不會知道你有多麼努力工作。馬修瞭解實情，明白那個「較沉默」、能見度較低的候選人，應該是實力較堅強的一方。不過，對其他的資深主管而言，較沉默的那位候選人只是一個面貌模糊的人。

請設法讓自己被重要人物認識，並宣傳自己的成就。設法讓自己為關鍵人物所用。爭取任何能讓自己出現在他們眼前的機會，那麼他們至少會對你產生某種看法。當升遷機會出現時，資深主管不會信任他們不清楚能力何在的人，因為那些人代表風險。如果他們知道你是誰，就比較可能支持你升官。

前面提到，工作太努力可能對你的職業生涯有害，第一個原因就是「工作太努力，將導致你變成隱形人」。

這一點我們都心有戚戚焉。每個部門都有一個能夠完成所有工作、值得信賴的超級強人。只要有助於完成工作，他們會慷慨地付出時間，特地去幫助同事，甚至是其他部門的人。他們每星期的工作時數經常超出原本應有的工時。長期下來，他們紮實的管理與領導能力會獲得獎勵，也就是逐漸晉升到更資深的職位，不過這些人卻不會被視為爭取最高階主管的競爭者。

他們不擅長自我推銷，沒有結交位居要津的朋友。他們寄出電子郵件時，不會傳送副本給精挑細選過的高階主管，以吸引他們注意到他的成就，也不會花時間設計搶眼的演出，在公司內部例行性活動上吸引高層的目光。在例行活動上，他們的報告詳盡而周密，卻缺乏迷人的風采。

對於自己專案計畫的成敗，他們極其誠實，將所有結果的責任都攬在身上，並且感到驕傲。如果出錯，他們會第一個跳出來承擔責難。「我們應該更努力才對。」

他們會主動自責，或者，「我們早該看出市場上的變化。」甚至公開表示：「對此我負完全的責任；我們團隊已經盡力了。」

這可不是好辦法。請記住塔列宏的忠告：「不要相信一開始的衝動；雖然它們幾乎都是好東西。」以及「言詞的功用是讓人掩飾想法。」

勤勉努力的主管往往也會回覆收件匣裡的每封電子郵件，因而增加了自己的工作量，而且他們經常提出有益的意見和具有價值的附加資訊，或是實用的指點，即便原本的郵件並不要求這樣的回報，甚或沒要求收件者回覆。他們的書面或口頭報告通常都是長篇大論，鉅細靡遺。安排他們出席的會議，他們也場場必到。

這種努力認真的工作態度儘管令人印象深刻，卻非常不可能帶來職業生涯的成功。它可能導致「無存在感」。在某個特定角色上努力工作太久之後，公司當權派會開始忽略你超越那個角色的潛力。更糟糕的是，公司也會開始認為那就是你的「適當」角色、你的歸屬，你可以做好那份一直以來表現傑出的工作。

千萬別忘記，比起你工作的實際結果，它呈現給公司的方式所造成的影響可能更大。令人氣餒的是，實際上相當出色的工作成果，卻被視為理所當然或遭到忽視的情況，並不少見。你需要說服別人，你的特殊成果不但傑出，而且對公司的成功也具有不可抹滅的重要性。如果你不自吹自擂，也沒有其他人會幫你做這件事。

你將工作成果傳達給誰，跟你的傳達效果同樣重要。你的直屬上司固然會知道你的成果，卻也會將它們講成是自己的成就。直接告知更高層主管你有多麼成功的機會不是沒有，但可遇不可求。一開始引起他們興趣的，顯然會是你的工作成果。盡量向他們表達那些成果有多麼出色，並強調你的投入與努力是多麼地功不可沒。接著，再做另外一件事：清楚表達你不但能帶來了不起的成果，還有潛力為公司做出更大的貢獻。讓你自己呈現出來的模樣是一個潛力十足的領導者。表現出色，努力工作並交出成績，只是第一階段；那只是使你引人注目的最低要求。現在，為了步步高升，你還必須展現自己有潛力做得更多。

請提醒你自己，所有型態的企業溝通都是一種資訊戰：在任何的互動當中，你唯一的目標就是讓對方相信你是那種會幫助公司生存發展，而且將做出更多貢獻的人。無論每次溝通的規模多麼微不足道，都是你職業生涯大戰中的一場重要小戰役。真正的馬基維利派在做出任何回應之前，都會三思；眼前的任務不是提出當時溝通表面上所要求的答覆，而是做出對你的職業生涯最有利的回應。關鍵在於盡可能突顯你自己。

真實案例

隱形人

馬丁在美國一家大型藥廠的臨床試驗部門擔任資深主任多年。他的特殊責任是籌備臨床研究，以支援新藥品向主管單位美國食品藥物管理局（Food and Drug Administration, FDA）提出申請。馬丁必須向臨床研究與創新部門主管報告。

每件藥品申請案都是一段漫長的過程，從新藥的成功技術研發，到經過食品藥物管理局核准或拒絕，通常得花上好幾年。臨床試驗的設計與執行，以及蒐集證據、充分證明一種藥品具有其宣稱的效果，都需要高超的能力與大量的經驗。

馬丁被視為業界翹楚。他在自己的領域經驗豐富，既是傑出的統計學家，也是優異的團隊領導人。在這家公司任職期間，他讓幾種新藥品成功上市，在組織內部亦備受尊崇。但是馬丁面臨了兩個問題。第一，這是一個高風險的角色。他的部門可能耗時多年研究一種新藥品，到頭來卻被食品藥物管理局退回申請。這表示高階管理階層偶爾注意到馬丁時，是與失敗有關的。另一方面，如果藥品申請核准通過，他就成了一時的英雄人物。

第二個問題更重要。馬丁拚命工作的程度到了不可思議的地步；每個新申請案都占去他好幾年的生活。他深受部門副總器重，但是與其他副總的接觸，就僅限於偶爾開會時向重要的主管報告某個申請案的進度，並大致說明接下來的必要步驟。在這個階段，馬丁會報告藥品申請案的詳細資料，而它可能根本不會獲得核准。在這類會議上，沒有直接參與該項藥品的高階主管往往心不在焉。當馬丁申請成功，讓一種藥品獲得核准，他會在高階團隊的面前爆紅片刻，但接著其他部門的主管就會搶走新的機會，成為焦點。外界會看見他們汲汲營營，積極推出新藥品，而馬丁則退回他那個低調黯淡的部門，又成了隱形人。

馬丁天生不擅長經營人脈，也沒有刻意在其他情況下讓自己得到其他部門副總的注意。他的工作對公司十分重要，但是也高度專業化，因此讓他鮮少有機會證明自己具有更廣泛的領導能力。在年度檢討時，他的長官總是答應會提到馬丁希望自己的職業生涯能晉升到下一個階段，並強調到時候會有機會，但是馬丁覺得他的地位依然不動如山。

最近，有一家正在研發阿茲海默症新藥的小型藥廠找上馬丁。他們提出讓馬丁擔任臨床試驗部門的副總，希望他在設計試驗以及領導申請核准程序上的專業，有助於這種新藥獲得必要的核可。如果成功，不但能讓這家公司脫胎換骨，也會為馬丁提供職業生涯更上一層樓的機會。馬丁剛開始時猶豫不決，因為目前任職的大公司相對穩定，但他後來決定，自己職業生涯重新出發的時候到了。他接受了這個新的角色，在職業生涯中第一次領導整個部門。

在馬丁率領申請案的情況下，該公司的新藥品果然通過核准，開始在藥品市場上奪得一席之地，成為一家不可小覷的小公司。新藥品成功申請過後一年，馬丁獲得升遷，成為該公司的營運長。

案例分析

馬丁在過去讓自己成為「一個忠僕」。在企業宮廷上，他只扮演過信差，頂多是大使的角色，告知遙遠戰線上的新發展。無論消息是好是壞，沒有人認為馬丁是事件本身的主要推手，導致他的地位不容易提升，難以成為當權派心目中的未來領導者人選；公司當權派其實很樂意讓值得信賴的人做高價值的工作。

馬丁必須投入遠比目前更多的時間，來宣傳他晉升高階主管的潛力，並結交掌握權力的關照者。那些人擁有可提升事業的既得利益，並會將馬丁視為對未來有利的盟友。他應該善用偶爾向最高層主管報告的機會，為自己塑造出有如耀眼明星的形象，而不只是一個值得信賴的人。他也應該尋找機會與高層保持聯繫，提醒他們，自己具備了擔任更高階角色的潛力。

在這種情況下，如果事實證明馬丁不可能找到強力的關照者來促進他的目標，馬丁就應該提早轉換跑道。他的能力基礎和豐功偉業，非常可能受到其他公司的青睞，也更有機會獲得賞識。

另一個選項則是向目前的公司要求「紙上」升遷：更資深的頭銜以及微幅加薪，以反映他對公司的重要性。接著，馬丁可以訓練一位同事，讓對方完全有能力接替他的職務，然後再利用自己的新職銜，開始打進公司內策略重要性較高的圈子裡。於是，外界會看見他在策略層次上做出重大貢獻，同時他亦可以展現自己的重要領導特質，有能力將大部分的實質工作量交給一個成功的部門處理。

你的職務說明書上所要求的工作量，會讓你無法在正常工作時數之內完成它，而沒有時間從事提升職業生涯所需的必要政治工作。

請提醒自己，你承擔著達成特定目標的責任。你的職務說明書看起來可能像是一長串你不得不進行的行動與活動，可是公司真正在乎的是結果。公司有一些主要的目標需要你去達成，而且真正重要的目標都附有相關數字。請將可以交辦的事項全部交辦出去，但務必保留能讓你接觸到重要人物的那些工作。盡可能避開那些純粹需要監督與完成，但是無法幫助你達成重要目標的任務；許多會議都屬於這一類。

減少你自己部門的會議。或許週會可以改成雙週會或月會。或許同事可以寄給你重要活動的簡報，由你決定目前是否有需要面對面開會。如果發生緊急事件，鼓勵他們立刻通知，而不是留到下次會議時才討論。

避免自己被拖進別人的會議裡。他們邀請你參加的主要動機，可能只是要展現他們的某項成果，讓你感到佩服（同時藉由你的出現令他們同事佩服）。如果他們是你的同儕，就可能是利用你幫助他們達到符合他們最佳利益的事，而非達成你的最佳利益。

善加挑選你有必要現身的會議；也就是你能夠在對的觀眾面前發光發熱的會議。如果會議內容是關於某項進行中的新特殊專案計畫，而此專案計畫對你個人不太可能有任何好處，那麼比較聰明的做法或許是參加相關會議的第一場，以確保你能提出不接下任何新任務的藉口。如果你不在場，就會面臨因缺席而被挑中的風險。如果執行該專案計畫的人明顯是你的敵人，參加會議絕對是明智之舉，如此一來你才能獲知他們的計畫內容。

如果該計畫看起來不錯，就持續關注，並找機會把你與它的關係放入稍後與公司當權派的談話中，那麼他們就會開始將你的名字與那個出色的新構想連結起來。如果該專案計畫看起來沒有意義，那就找一些藉口，避免進一步涉入。

要是它看起來在政治上有危險性，那麼最保險的行動計畫是徹底切割。不過，標準的馬基維利式做法是提供任何必要的協助，讓敵人有機會自取滅亡。這聽起來很無情，事實上也是如此，不過請記住，職業生涯的進展是一場零和遊戲；如果你要成功，別人就得失敗。

當然，如果有一位高階主管支持並參加這場會議，而此人對你的職業生涯可能有助益，那麼前述的做法就完全不適用。因為這些會議能提供讓你曝光的機會。你不妨多花一點時間和精神在這類會議上：它們是你發光發熱的良機。請牢記一項通則：如果一項任務或一場會議能讓你引起重要人物的注意，帶來正面效果，那麼就把握機會，讓他們看到你有多麼突出。如果那項任務需要投注大量心血，但獲得的正面效應卻少之又少或根本沒有，那麼就盡可能避開它。

如果你有個人助理，那麼一流的助理可以成為你的最佳盟友，為你騰出更多的時間。和他們一起坐下來，公開討論一套先後順序的機制：某一群人的電子郵件絕對必須立刻回覆，有些人的郵件可以等，其餘的則不必理會，或者禮貌性回覆即可。某一群人發出的開會請求一律接受，有些人的請求則視實際主題以及是否有空而定；至於剩下的就編造一些不參加的藉口……請你的個人助理盡可能處理你的電子郵件，並依據你們同意的先後順序，通知你有哪些郵件需要由你親自過目。

有些個人助理以及某些認真的主管認為，工作日誌應該填滿才對。請避免這種情形。管理學大師彼得・杜拉克（Peter Drucker）曾經在多年前指出，對講究效率的主管而言，零碎的時間沒有用處：想要清晰思考、擬訂計畫，你需要大段的完整時間。盡量清空你的工作日誌，而非填滿它。

真實案例
塞滿的工作日誌

史蒂芬妮在一家大型出版集團擔任雜誌發行人。她負責管理一批工藝與嗜好雜誌及其線上版本，並向集團發行總監報告。

身為發行人，史蒂芬妮手下有幾個直接向她報告的重要人物（編輯、廣告、行銷等）。其他主要功能則由集團內的中央部門（財務、製作、發行、資訊等）提供。

史蒂芬妮每週跟各個小主管開會，每個月則跟集團的中央部門開會。她會主持一場由旗下小主管和中央部門代表參加的月會。

集團的中央人力資源部門處理所有的人事相關問題，但是史蒂芬妮親自與所有重要職位的應徵者面談。集團內的所有發行人每個月有一場月會，目的是分享最佳的實務做法與創新構想。史蒂芬妮加入一個特殊專案計畫小組，其目標是掌握線上出版的技術發展，她還參加另一個討論集團大樓無障礙設施的小組。

史蒂芬妮的上班日簡直塞滿了大大小小的會議；許多是在她的辦公室裡進行，有的則在大樓裡的其他地方。平常的一天中，她參加的會議一場接一場，偶爾抽出中間的十分鐘空檔看看螢幕，收發電子郵件。在一天當中，不時還有重要的編輯與製作問題緊急需要她的關注，打亂她繁忙的時程表。

在個人助理的協助之下（她每天一大早見助理至少半個小時，在短暫離開會議的空檔，助理也會設法向她報告重要事項），史蒂芬妮盡量確保在不間斷的會議中所做的重要決定有傳達出去，並貫徹執行。她的個人助理有權回覆某些例行性的電子郵件，並緊盯著那些可能需要史蒂芬妮親自回覆的緊急郵件。史蒂芬妮在下班前或回家後處理剩餘的電子郵件。

在根本不存在的「閒暇時間」裡，她設法追上業界的新發展，思考是否可能在競爭市場上推出搶得先機的新雜誌，不過，任何新雜誌的構想都會額外增加大量的工作負擔，因為她必須將完整估算過成本的企畫案交給發行總監。

史蒂芬妮是一位戰鬥力旺盛的發行人。她的雜誌獲利豐厚，大多數情況下都是市場的領導者。發行總監非常看重她，如果失去她，會感到很遺憾。但在公司其餘的資深管理階層眼中，她卻彷彿不存在。總經理知道她的存在，執行長不知道。有些發行人負責女性與時尚、汽車、科技等更耀眼的雜誌群，他們都遠比她來得引人注目。資深管理階層願意出席高級時尚雜誌的頒獎典禮，或者造訪汽車雜誌群在車展上的攤位。但他們往往拒絕史蒂芬妮的邀請，不肯參加工藝與嗜好圈的類似活動。

幾年前出現了一個關鍵時刻，史蒂芬妮或許可以運用她在公司內部的優良名聲，進行談判，然後調往較受矚目的雜誌，或者跳槽到一家新的出版公司，達到經營知名雜誌的相同結果。為了重振她在公司內部的職業生涯，史蒂芬妮現在需要提升她在資深管理階層心目中的地位，讓發行總監之外的其他主管看重她，或許提出她尚未思考周延的一個構想，推出一本新雜誌。但是，她要如何找到時間呢？

案例分析

就像「隱形人」一樣，史蒂芬妮已經變成一個「忠僕」，付出的一切早已超出了公司的要求，卻無法讓重要人物看到自己完整的潛力。由於史蒂芬妮工作如此勤奮，加上工作日誌上塞滿了大大小小的「事情」，讓自己陷入了一個窘境，既不可能找到時間思考與擬訂計畫，也無法找到有力的關照者，建立良好的關係。

她也距離宮廷太遠，難以吸引高層人物的注意，但其實她的才華與成就都足以成為他們的有利盟友。她可以加入某個關照者未來的團隊，準備承擔更重要的角色，在更高階的位置上效忠對方。

現在，她最有希望的做法是透過某項出色的行動，來大幅提升自己的能見度，讓人刮目相看，例如推出一本創新的新雜誌，如果為時不晚，就能贏得強力關照者的注意。

她能否靠豐富的經驗在另一家公司找到更高階的職位還是未知數，不過理想的時機恐怕已經過去，而且換到新環境之後必須再次證明自己的實力，對她來說也是一個風險。然而，如果史蒂芬妮在目前公司的職業生涯果真停滯不前，無法恢復生機，那麼跳槽到新公司就是她唯一的選擇，而且動作要快。

「太努力工作」的重點，不在於你不應該努力工作。努力工作是基本條件。重點在於你不應該那麼努力於眼前的工作，卻忽略了自己的職業生涯發展。

谷歌（Google）以前常談到「百分之二十時間」。這個想法是鼓勵員工利用百分之二十的上班時間去思考新的構想，而這些構想可能會變成可獲利的新專案計畫。當你在評估如何分配時間時，這一條規則就成了實用的指導方針：努力將工作完成，但利用大約百分之二十的時間好好思考，對於提升職業生涯的必要條件，以及規畫與執行對你職業生涯更上一層樓有重大影響的任務上，你的工作中有哪些方面是最重要的。

季會以及年度大會等例行性活動，可能具有極高的價值。請提出一個絕對能讓自己光芒四射的構想，接著投入大量時間，確保你的報告出色亮眼。它不只要好，還要出色。

這是一個大好良機。利用時間好好準備你的報告，將它琢磨到完美無瑕。將手上任何無聊的事實與數據等素材加以轉化，變成一場令人激賞的表演。運用視覺效果與音樂來陪襯，挑動人們的情緒，讓他們哭泣或歡笑。設法使觀眾在你結束報告時鼓掌叫好，讓他們在中場休息時談論你。

你所報告的工作對公司而言是否如你口中所說的那麼重要，其實無關緊要。許多人的職業生涯，都是靠在企業高層面前的精彩演出而奠定基礎。這能展現出你是一個優秀的溝通者；你擁有領導能力。

小結

認為太努力工作可能傷害你的職業生涯，是違反直覺的。每個成功的企業主管都非常努力工作，才達到今天的成就，而且仍會繼續努力下去。但是努力工作本身並非成功的保證。沒有人會因為你努力工作就關注你、提拔你。

請努力達成傑出的成果，然後找時間進行必要的步驟，展現這些成果以及你的潛力，以引起重要人物的注意。

- 每個成功的企業主管都很努力工作，請思考如何分配你寶貴的時間與精力。
- 努力工作本身無法保證升遷。別人不會主動提拔你。工作非常努力，但無法將必要的精力用來使高階主管注意到自己的那些人，長時間下來就會變成隱形人。
- 許多耗費時間且需要精力的任務，與公司期望你帶來的結果沒有直接關聯。

這時要冷酷無情，以最少的努力達到工作目標，將時間和精力保留下來，開創機會，宣傳你的成果，以及提升你擔任更高階職位的可能性。

- 清理你的工作日誌，創造有用的大段時間。將沒有風險的工作全部交辦出去。減少你自己的會議，只參加對你的職業生涯有幫助的那些會議。
- 接下能讓你吸引重要人物注意的專案計畫。避開那些會占用你的時間與精力，卻幾乎對職業生涯沒有好處的專案計畫。
- 運用百分之二十的時間來設法提升你的職業生涯，而不是拿來完成工作。掌握或創造能夠提升職業生涯的機會，將時間與精力用在上頭。
- 這是一場零和遊戲；如果你要成功，別人就必須失敗。

2 樂於助人

人們有一種互相幫助的本能。健康的社群就是建立在我們不只是合作，還會積極幫助彼此的傾向上。人們會衝進失火的建築物，拯救那些困在裡面的人。如果隔壁的長輩某天始終沒有打開窗簾，鄰居也會擔心。這種天生的社交能力會擴散到工作場合：我們會設法幫忙工作陷入困境的同事；如果我們比他們有經驗，就會提供建議。我們甚至會協助能幹且成功的同事，因為……我們就是喜歡他們，而且樂意助他們一臂之力。

從你職業生涯的角度來看，這不盡然是一個好主意。

請記住企業行為的第一項「核心現實」：企業不是社會結構。此外，你還要記得，提升你在企業內的職業生涯是一場零和遊戲；如果你要成功，別人就必須失敗。攀上顛峰是一場零和遊戲；你想爬上最高峰，其他人都得失敗才行。

所有企業（以及每家企業的每個部分）或多或少都遵循著一條鐘形曲線規則。就定義上來看，測量過變項之後，大多數的人都落在常態分布中間附近的地方，畢竟他們是正常人。接著，在曲線較低的兩端則有數量相對較少的特殊者：包括對測量的變項極為擅長的人，以及極不擅長的人。在企業中，極優秀的人獲得升遷；更重要的是，應該說被認為能力極佳的人有升官的機會。能力極差（或者被認為能力極差）的人，則會面臨被開除的命運。

所有企業在這方面都很無情，即使是那些自稱並非如此的公司也一樣。許多公司竭盡全力掩飾它們主動開除那些落在分布曲線極差那端的人，並自豪它們的再訓練計畫，以及有辦法將員工調到比較適合的角色，而不是開除他們。

有的企業則非常坦白，令人耳目一新。世界知名的前奇異公司總裁兼執行長傑克・威爾許（Jack Welch）毫不掩飾他對鐘形曲線的喜愛。他稱之為「分級」，用它來區分公司的經理。他的經理大多數自然落在「正常」的百分之七十範圍內（威爾許稱他們為「不可或缺」的百分之七十，事實上則是「B級」員工）。另外還有最頂尖的百分之二十——「A級」員工。這些少數菁英獲得豐厚的報酬：升遷、股票選擇權，加薪幅度也是B級員工的兩、三倍。威爾許熱愛他的A級員工。「失去A級員工是一項罪過。」威爾許寫道：「愛他們、擁抱他們、親吻他們；不要失去他們！」

他對C級員工（位居最底層的那百分之十），就沒這麼讚不絕口。「C級員工是無法完成工作的那種人。」他寫道：「C級員工可能萎靡不振，缺乏活力。他們會耽擱工作，無法順利完成。你不能浪費時間在他們身上，不過我們確實耗費了資源將他們調到別處去。」當然，所謂「調到別處」可能包括在完全不同的組織裡為C級員工找到新的角色。

傑克・威爾許年復一年請旗下的經理進行這種「分級」作業：每一年，最頂尖的百分之二十員工會快速升遷，最底下的百分之十則遭到解雇。威爾許承認，過了一陣子之後，這件事變得難以執行。「到了第三年，它成了戰爭。」他承認：「當時，表面上最弱的員工已經離開團隊，許多經理沒辦法將任何人歸入C級。他們已經對團隊中的每個人產生了某種感情。」

威爾許甚至坦承，自己偶爾也會因為不願意每年裁掉底層百分之十的經理而感到痛苦，可是他提醒自己，那樣只是婦人之仁。為了鼓舞自己下手，他說：「我認為的殘忍與『婦人之仁』舉動，會讓無法成長及進步的人留在公司裡。」他還表示，那些無法找出哪些人該歸入C級員工的經理，自己也可能很快就淪為C級員工。而且，除非他們區分出表現最差的百分之十員工，否則公司不會同意他們推薦的優秀員工獲得加薪與股票選擇權。[3]

當然，這意味著在威爾許的公司裡，唯有名列A級員工才是立於相對安全的處境。任何一位B級員工都有在隔年淪為C級員工的風險。少數幸運的B級員工會晉升至A級。不過，一旦你被貼上標籤，成為「不可或缺」的B級員工，要改變別人對你的看法就非常困難了。如果從第一天開始就被視為充滿幹勁與活力、「不容失

3 Welch, Jack. Jack: *What I've learned leading a great company and great people*, London: Headline Book Publishing, 2001; pp. 158-162.

去」的A級員工，自然是再好不過了。

威爾許的名聲，一大部分源自他坦然面對企業界的現實。威爾許的主張之一是在職場上需要「坦率」——誠實，有必要的話還得殘忍。我們從小被教導不要咄咄逼人，或說出令人不快、難以承受的實話；這在一般社群中是有幫助的，因為有助於我們和諧相處。可是威爾許認為，「殘酷的誠實」在企業中有其必要，因為它有助於讓各種想法浮現出來，加快做事的速度。威爾許明確而無情地治理奇異公司的手段，創造的正是他所要的那種嚴酷管理環境，年復一年在一池鯊魚中精挑細選，只留下最強健與最飢餓的鯊魚，讓牠們互咬彼此的尾巴。

許多組織呈現給外界一張稍不殘酷、比較和善的面孔。它們不像威爾許建議的，採取那麼「坦率」的方式，至少對外是如此。但是，說自己的想法與做法異於威爾許的那種組織，其實沒說實話。所有的企業都是這樣。在持續不斷的生存戰爭中，企業會評估它們的每一名員工，判斷他們將幫助或妨礙企業生存的程度。

若你想在企業內的生存戰獲勝，就必須被視為A級員工：不但協助公司生存，有一天還可能成為未來的勛爵，在公司的未來扮演重要角色。位居中間的百分之七十或許「不可或缺」，卻沒有前途。在現今日益危險的環境裡，「不可或缺的百分之七十」面臨一項血淋淋的風險，那就是主導大局的百分之二十能夠決定他們的貢獻不再那麼必要，或者他們可以被成本較低的替代方案取而代之，例如某種演算法。

在公司裡幫助別人，不是登上A級員工名單的最佳途徑。如果你協助能力較差的同事，就有可能被視為一種「社工」，也就是花太多時間幫忙「跛腳鴨」。這些人在不久的將來可能淪為C級員工，亦即傑克・威爾許說不能浪費時間在他們身上的那種同事。

此外，如果你耗費大量時間幫助別人，將會被視為忽略自己的工作，而且更重要的是，你會被視為喜歡幫助別人勝過重要人物。偏偏重要人物喜歡覺得你：一、全心全意埋首於份內的工作，二、會找時間協助他們，參與能提升他們職業生涯的特別專案計畫（希望有一天你能因此獲得獎勵）。

如果幫助能力較差的同事，對你職業生涯的進展沒有好處，那麼幫助能幹的同事更是危險。如果你真心幫助一個富有才幹又野心勃勃的同事，就會提高他們超越你的風險。你給他們建議、資訊、鼓勵和支持，將使他們鞏固自己的地位，在未來對你做出更危險的攻擊（請見本章稍後的「哈波詭局」案例）。

在企業叢林中，「樂於助人」還有一個微妙、違反直覺且高度危險的領域。幫助你的長官，做符合公司最佳利益的事情，幾乎總是個好主意。但有時候——只是有時候——幫助長官或做公司要你做的事情，卻會扼殺你的職業生涯。當你發現那樣的糖衣陷阱時，必須運用絕佳的技巧和外交手腕才能避開它，同時又不會造成連帶傷害。然而，因為前面的這些「助人」的例子在職業生涯中關係重大，你務必提早預防，而且不計代價地敬而遠之。

❶ 協助同儕與資淺員工

幫助較資淺的員工，當然是你身為經理人的職責之一。當部門成員遇到困難，或是能從你的經驗中獲益，那麼從你忙碌的時間中抽空伸出援手，絕對是值得讚許的一件事。

果真如此嗎？

你的職責是管理部門，讓它達成目標。公司的當權派只在乎目標是否達成。如果他們認為，你的目標只能靠你抽空為資淺員工提供個人訓練及協助才能達成，那麼他們對你不會有什麼好印象。他們會覺得是例行性訓練不足，或是具實務經驗的中階經理無法完成任務，而這顯然代表你對中階經理的管理非常差勁。

換一個角度想，如果你有成為公司未來領導人的雄心壯志，就必須體認到你在經營公司時，將沒有辦法進行一對一的指導，就連對資深同仁也不例外。你將會與非常少數的高階主管形成一對一的關係，其中包含某種程度的指導，你也必須透過這些非常資深的主管，指揮並掌控整個企業帝國。

偶爾以仔細斟酌的話語啟發資淺員工是一回事，但實際幫助資淺同事執行他們的角色，並不是公司付薪水請你做的事；如果你打算那麼做，就無法完成自己的職責。在你登上資深職位之前就這麼做，也代表你會被他人認為花太多時間在不夠資深的人身上。公司當權派想看到你擁有健全的同儕人脈網絡，裡面同時包含幾位資深同事，而不是身邊圍著一群仰慕你、充滿感激的菜鳥。

如果幫助資淺同事是個爛主意，那麼幫助同儕更是爛上加爛。

或許你聽過「囚犯困境」（Prisoner's Dilemma）——賽局理論中的一項知名研究。在賽局中，兩名囚犯被控犯下一項罪行，但有關單位掌握的證據只足以判處他們較輕微的罪名。為了讓其中一名囚犯背叛另一名囚犯，以更重的罪名起訴，他們提出一項條件：如果兩名囚犯都堅不吐實，雙方都必須以較輕的罪名服刑一年。如果其中一人背叛對方，就能無罪釋放，另一人則必須入監服刑三年。要是兩人都背叛對方，每個人將各坐牢兩年。

在人類行為的「理性主體」（rational agent）模型中，「合作」（也就是兩人都保持緘默）是符合雙方最佳利益的選項：兩個完全理性的主體會明白對方只能達成相同的結論：保持緘默，然後每人各坐牢一年，是符合雙方最佳利益的結果。然而，前述案例中的囚犯是人，他們無法確定是否能信任自己的共犯。如果他們不開口，同伴可能開口，最後狠心背叛，逍遙法外，自己卻得在監獄裡蹲三年。反過來說，他們的同伴有可能真的保持緘默，那麼他們自己就能重獲自由！這種指控對方的行為背後，有一個悲哀卻也令人著迷的人性邏輯，導致他們分別服刑兩年，而非一年。這是「非理性下的次佳」結果。

在企業界裡也一樣。沒有人可以信任。

如果你能信任所有的同事，一路上互相協助自然是安全穩當。但如果同事中的任何一個人玩起馬基維利式遊戲，那麼信任就是一項危險且可能致命的策略。你給予他們的任何協助，都可能反過來對你不利。

既然你不可能知道同事是否值得信任，「樂於幫助」同儕就是你必須戒除的諸多

「好」習慣之一。思考這件事時，不妨站在你同事的角度想，或許會有幫助。隨著你的職業生涯步步高升，與別人的競爭也會逐漸白熱化。只要你們處於競爭狀態，你會期望同事幫助你嗎？他們為什麼會讓自己付出的時間與精力面對風險，又為什麼應該幫助你熬過艱困時期，好讓你留在競賽中，有機會超越他們？

真實案例
哈波詭局

二〇〇〇年代初期，莎莉到一家新的資訊科技顧問公司擔任總監。莎莉在資訊科技業早已卓越有成，經常被封為業界的女性翹楚。在這家顧問公司，莎莉遇見了剛畢業的實習生哈波。聰明又充滿活力的哈波，在莎莉的部門展開他的實習工作。

莎莉很關照這位年輕的實習生，在他實習期間於各部門間調動之際，仍持續提供建議與指導。當另一家顧問公司找上莎莉，提供機會讓她領導自己的事業領域時，哈波問她可否帶他一起走。莎莉若帶一名資淺員工到新公司並不恰當，不過她在業界探詢了一下，接著介紹哈波到倫敦市中心一家頗具聲望的大型顧問公司。結果哈波錄取了，便積極展開他的職業生涯。

兩年後，莎莉再度轉職，在另一家顧問公司擔任高級顧問。她有四個新的職缺要找人，於是提供了其中一個給哈波，後者立刻把握機會，再度與她共事。在莎莉的領導下，他的職業生涯蒸蒸日上。

與莎莉合作幾年之後，哈波獲得一個看來無法拒絕的工作機會：在一家剛成立且表現不俗的科技新創公司擔任主任。莎拉建議哈波，如果那是他要的，就接受那份工作，還說她為他感到高興。在那家新創公司待了僅僅兩年之後，哈波就晉升為該公司的開發經理。莎莉傳了一則簡訊恭喜他，兩人還約時間喝咖啡。

儘管哈波看來成功，莎莉卻發現情況沒有那麼樂觀。哈波告訴她，他擔心公司的創辦人讓公司成長太快，企圖盡量提高它的市值，然後趕緊賣掉。結果，老闆將工作外包給其他公司，哈波的團隊負擔太重，無法按照他所期望的方式認真審核外包的工作。哈波還擔心，公司拿給潛在新投資者看的某些數據是難以達成的。公司的聲譽有因此受損的風險，進而殃及哈波的職業生涯前景。

這時莎莉透露，她自己的職業生涯也不太順利。她負責發展一個新的事業領域，但是公司尚未同意撥出經費，以增加當初答應她的額外人力。結果，工作進展的速度遠低於原本的預期。莎莉憂慮她會因為沒有達成當初承諾的目標而遭到責難，儘管事實上是公司沒有給予她原本答應的資源。

他們大致談了工作，並同意保持聯絡。莎莉離開後，腦中開始醞釀一個有趣的想法。莎莉心想，哈波的科技公司正在經營一個尖端領域，如果應用方式稍微改變一下，可能就對她自己的雇主極具價值。

她向公司執行長提出構想，那就是將哈波和他的幾位重要同事帶進公司，成立一個新部門，並由她親自領軍，哈波則直接向她報告。執行長顯然很感興趣；提議中的新部門可以開創一個全新的事業領域，而且哈波和他的同事已經準備就緒，能立刻展開作業。

莎莉會繼續建立原本的那個新事業領域，但再度向她的執行長強調，如果沒有原先答應的經費，進度會很緩慢。在此同時，她又接下另一項重大挑戰，成立一個全新部門，帶領它往成功之路邁進。這當中的風險不小，她要求公司再度保證，如果她接下這項挑戰，職業生涯不會因此受害。

執行長向她擔保，公司非常重視她，並答應再次檢視她目前負責領域的經費。此外，他同意她的新提案令人極為興奮，還熱情地感謝她向他報告這個新構想。他答應會在下次董事會中進行討論。

這個方案獲得通過，莎莉與哈波之間也展開祕密討論。哈波暗中與他希望加入團隊的兩個重要人物洽談，但是他們不太願意離開現在的公司，因為所有的外在跡象都顯示，該公司正邁向驚人的成功。莎莉安排所有人見面，私下將哈波以及他的團隊介紹給她的執行長。她個人在業界的地位，以及與哈波的長期合作關係，成了說服團隊跳槽的關鍵因素。這件案子終於拍板敲定，新部門開始運作。在莎莉的領導之下，這個團隊重新包裝他們的產品，一如期望地為公司迅速開拓一個成功的新事業領域。

執行長十分關注這個新部門。過了一年左右，隨著新事業蒸蒸日上，哈波找上執行長，說莎莉毫無疑問是個能鼓舞人心的優秀領導者，卻不再是新部門運作的必要人物，哈波自己就能完全勝任這項職務。還有，儘管莎莉既優秀又能鼓舞人心，但坦白說哈波寧可自己掌管這個部門，不需要莎莉。

哈波之所以敢自信滿滿地這麼說，是因為他十分清楚莎莉另一個經費不足的事業領域沒有起色，一旦少了他們共同開創的這個新成功故事，莎莉的缺點就會暴露無遺。

在進入公司兩年之後，哈波升為新部門主管，而此部門當初是莎莉引進公司的。萬分難過的莎莉遭到解雇，而她另一個經費不足的新部門就在失去奧援的情況下逐漸凋零。

案例分析

在那麼多人當中，莎莉相信哈波是她可以信任的人。本案例標題中的「詭局」一詞反映了她這麼想是情有可原的。她相信，哈波會持續效忠實際上開創他職業生涯的人，還有他不會為了讓自己更上一層樓而偷偷犧牲她。

事實上，哈波一看見機會就積極掌握，攆走當初建立他職業生涯的人，而對方可是把他從一個他已經開始後悔的職業生涯異動中解救出來，還給了他另一個千載難逢的大好機會。

企業不是社會結構；沒有人可以信任。

「不要幫助同儕與資淺同事」的規則有兩個重要的例外。在某些罕見的情況下，你可能會發現一個同儕或菜鳥注定會在攀上顛峰的競賽中擊敗你；他們必定會成功，而且早就搶先你一步。在這個特殊的案例中，在他們逐漸壯大的過程中提供各種協助，或許可以接受。但前提是，未來的領主會感謝你的犧牲，視你為忠貞的盟友，並認為你的付出應該獲得獎賞。

如果他們很明顯會無情地對待你，那就不要提供協助。請盡力阻礙他們；不要犯下自掘墳墓的錯誤。在這種年輕的虛偽分子相對資淺時，你往往很容易讓他們嚐到失敗的滋味。你只要交辦一連串非常吃力不討好的任務，他們就很難獲得公司當權派的注意。

關於幫助資淺同事和同儕這件事，最後還要提出一條附加條款，那就是你當然不應該表現出不想助人的模樣。你應該給人的印象是一個思考周延、充滿熱情，樂於助人的同事或領導人，只是實際上不要做出真的對別人有幫助的事，以免讓你的同事立於權力太大的不敗之地，或是給予他們未來可能用來對付你的武器。從這個特別的角度來看，「樂於助人」最好的方式是推著別人往結果對你有利的方向前進，但實際上並不是在幫助別人，以免使他們對你更具威脅性。

你需要底下有一群人勤奮工作，帶來好的成果，而他們將需要支持與鼓勵。為了得到支持者，給予他們升遷和其他獎勵絕對是好事，但記住一項重要原則：只幫助他們來協助你；千萬不要幫助他們到了他們能反過來挑戰你或取代你的地步（別忘記哈波詭局）。

如果你想知道如何做到這一點，只要觀察你自己的執行長如何與他們的資深同事合作即可。那就是答案。

❷ 幫助長官

不消說，「幫助長官」通常都高居提升職業生涯策略之首。如果你被視為盡力協助直屬長官達成目標的那個人，一旦他們升官，你也會被選中，成為接班的不二人選，這無疑是提升職業生涯相對簡單的一個傳統途徑。

然而有時候，長官想要的並不符合你職業生涯的最佳利益。尤其當你與長官的關係不太穩定，長官又急切地從外面找來明顯會威脅到你自身利益的人才時，更是如此。

以下這個「長官的抉擇」案例就是一個很好的例子。

真實案例

長官的抉擇

賽門在一家全球性市場研究公司的美國分公司擔任營運長。英國分公司的執行長最近離職，公司要求賽門調到倫敦，接掌她的職位。比較順理成章的執行長繼任者，應該是英國現任的營運長卡麥隆，他既成功又受人敬重，但是這個職位的最後決定權，掌握在公司的全球執行長手上，而他對卡麥隆是否準備好擔負重任有所保留。賽門擔心，他自己可能被視為這個角色的臨時代理人。

賽門的首要任務是與繼續擔任營運長的卡麥隆建立良好的合作關係。兩人開誠布公，談論他們對英國分公司的期許與計畫，以及個人的抱負。卡麥隆坦承自己對於沒得到那個職位感到失望，不過也清楚表明，他願意成為賽門的工作夥伴。於是，兩人開始著手創造一段後來變得堅定而成功的合作關係。

兩個月之後，賽門與全球執行長例行會面，對方提起某家敵對的英國顧問公司一名資深主管的名字。賽門知道那個人，但是從未見過面。全球執行長告訴賽門，他最近偶然見到那名顧問，聽過對方的優異事蹟，認為賽門的英國分公司或許用得上他。全球執行長交給賽門一張名片，那個人名叫亨利。他請賽門與亨利見個面，再把想法告訴他。

賽門下一次與卡麥隆見面時，提起他和全球執行長的對話，並拿亨利的名片給他看。卡麥隆看著那張名片，臉色有點發白。他告訴賽門，他曾經與亨利共事過，認為亨利傲慢、狡詐、愛耍政治手段，實際上從來沒有交出任何特別出色的成績，卻十分擅長吹噓自己的成就。

賽門安排與亨利見面，想看看雙方是否有共識，並坦白指出他們之所以見面背後的原因，表示全球執行長顯然很賞識他。賽門聽著亨利大放厥詞，亨利覺得自己能為賽門的英國分公司做很多事情。兩人分開前，賽門說他會仔細思考分公司裡有什麼機會可能適合亨利。

在下一次與卡麥隆見面時，賽門強調為了符合全球執行長的期望，幫亨利安插職位有多麼重要；卡麥隆大膽地提議了一個領導某個重要專案計畫的角色，認為亨利的背景很適合。

賽門跟人力資源總監見面，告訴她，全球執行長對亨利有興趣，或許可以考慮安排亨利擔任哪個角色，但是也向她保證這個職缺的消息在公司內外都會公告，所以目前的資深主管團隊不會覺得他們被忽略。

面談作業於焉開始，公司內部幾位實力堅強的候選者表現不俗。在亨利的面談中，靠著賽門的一點幫助，他大肆展現出一個陽剛霸氣且積極的領導者形象。面談結束時，賽門私下對人力資源總監表示，他擔心亨利是否適合英國分公司的文化，她也馬上表示認同。

面談過程延續了幾週，賽門又過了一段時間才向全球執行長回報。賽門告訴執行長，人力資源部擔心文化適應的問題，而亨利在面談時表現得太過積極。執行長有點訝異。「那正是我們需要員工抱持的態度啊。」他說。

在接下來與人力資源總監見面時，賽門解釋，儘管對文化適應這一點有所保留，他還是認為亨利是最具實力的候選人，不過他也覺得，讓他空降副總層級的職位對同事來說並不公平。人力資源總監馬上表示贊同。亨利將掛總監的頭銜，同時可以藉機證明他的價值，為副總的角色做準備。

全球執行長聽到亨利只能擔任總監層級的職位時，感到失望。不過，賽門表示，如果亨利的表現達到預期，他很樂意看到亨利迅速升為副總，讓執行長安心不少。

賽門與亨利見面，表示願意提供一個職位給他。雙方談妥薪資福利條件，不過賽門解釋說，考慮到公司內部的政治問題，不可能讓亨利擔任副總，他一開始必須先掛總監的頭銜，但有機會迅速升到副總。一如賽門的預料，亨利拒絕這項安排，並表示只有副總的角色能吸引他。賽門答應他會再想想辦法。

事實上，賽門並未進一步推動此事。過了一段時間，當全球執行長突然想起這件事，賽門便說他們還在設法協調一個彼此可以接受的方案。等到幾個月後執行長再度提起時，亨利已經接受了另一家顧問公司紐約辦公室的新職務。「真可惜。」賽門也附和全球執行長的看法。

案例分析

幫助長官幾乎都是明智之舉。協助長官能讓他們對你產生好感，有助於讓他們相信，等他們更上一層樓時，你就是應該接替他們職位的那種人。然而，幫長官做一件對你自己的職業生涯造成威脅的事，可就不智了。長官只在乎結果，他們真正關心的是你能帶來讓他們看來風光的那種結果；其他類型的幫助固然也好，但並非必要。

賽門正確猜到亨利對自己的職業生涯構成潛在的威脅，實際上也不會幫助他達成想要的結果，讓全球執行長高興，以及他的職業生涯繼續發展。賽門表面上願意幫忙，但其實刻意拖延亨利上任的時間；他在各方面看起來都傾力相助，卻避開了一個潛在威脅。

幫助長官達到目的（或他們以為他們要的）不見得符合你的最佳利益。

關於「長官要什麼」，幾乎都是這樣：直屬長官要的不是更高階長官要的，達成長官的長官所要的，或許才是對職業生涯更有助益的做法。

舉個例子，一個人的直屬長官會肩負達成其主要目標的任務。這些目標往往聚焦在顯而易見的結果：利潤、業績等可用數值量化的東西。但是長官的長官眼光更寬廣。他們當然希望達成那些數字目標，但那只代表基本門檻。更高階的長官真正關注的東西不一樣：開拓新市場、改善品牌形象、得獎之類的事。

所以，比方說你從事行銷工作，那麼你角色的核心功能可能是洽談贊助活動，好推銷你的產品。如果你剛好知道長官的長官是個遊艇迷，或許會想到贊助遊艇比賽可以達成你身為行銷人員的業務目標，從而善盡你的職責，讓直屬長官開心，同時也讓你長官的長官相信你果然瞭解公司的品牌，憑直覺就掌握住品牌價值與遊艇社群價值之間的強烈連結。

記得邀請長官的長官參加遊艇比賽贊助活動的開幕式（他們會欣然接受這個機會），再找機會說一個精彩的故事，描述你個人有多麼瞭解遊艇比賽根本是個絕佳的贊助機會。

在這個想像的情境中，「遊艇比賽」完全可能替換成美式足球、歌劇、慈善活動、登山等。

同樣地，強力支持（或僅僅履行）特定的方案，實現資深經理階層的目標，那麼相對資淺的經理也非常可能快速大紅大紫。知道你長官的長官的目標，可以排除掉其中的不確定因素。

例如，要是你不但發現了長官的個人興趣（駕駛遊艇、美式足球、歌劇等），還知道他們目前的主要事業目標是降低成本，或是開拓新市場，那麼你就可以非常明顯地在你的部門裡大力追求一致的目標，並確保你的努力被他人看見，好引起長官的長官注意。

有一條邁向成功的途徑是，自告奮勇參與高階主管的得意專案計畫。公司裡總是隨時有幾項這類專案計畫在進行著，負責的高階主管通常樂意讓自願者加入，分擔額外的工作量。這當中固然有風險，但參與之後可能在日後帶來好處。

你一定要知道那項專案計畫對主管來說是不是一件使人感到厭倦卻不得不做，抑或是他們真心在乎的事。前者可能是燙手山芋，但是如果你花費大量心力在高階主管個人真心投入的特殊專案計畫上，它就可能是你迅速升遷的捷徑。

因為在他們眼中，你處於非常正面的情境中，而且與他們有相當親近的關聯。他們會記得你，而這可是向前跨了一大步。如果後來在可能升遷的情況下，你的名字被提及，他們就會表達意見：「啊，奧馬，對。他在創新小組做出十分有價值的貢獻，非常能幹。」

❸ 協助組織

我們可以說，為了提升你的職業生涯，除了順應組織的要求之外別無他法。事實上，對公司的要求照單全收，是邁向成功的明確之路。

這並非牢不可破的鐵律。組織有時候會交給你吃力不討好的任務，而這有可能是刻意的舉動，因為某人顯然想把你推給某個專案計畫，讓你遠離主流，或傷害你的職業生涯。

這種事情固然令人厭惡，但是可能也有好處。它讓你看清楚誰是敵人，揭露了誰將你當成直接威脅，想要剷除你，或是誰瞧不起你，想要藉機造成你失敗。反過來說，這樣的構想或許十分單純。事實上，幾乎每個人都有可能將它視為一次很棒的機會。

真實案例

印度之旅

狄特是一家工程公司的產品經理，該公司專門設計製造輕工業的機械工具。這家公司在德國有幾家製造工廠，最近才在美國設立第一家海外工廠。執行長的策略是探索在海外進一步擴張的可能性，在未來有大幅成長潛力的地區設立小型區域性製造工廠。

印度很快就被視為目標區：該公司最近才在那裡掌握到幾個新客戶，已經準備將成品運送到印度次大陸。如果能夠在印度建立自己的生產基地，公司就可以利用來自德國的零件，開始以更低的成本組裝產品，並從頭到尾為印度市場生產價格更具競爭力的產品。執行長認為，這樣的運作模式可以使公司自然成長為更龐大的企業，卻省了可觀的先期成本。

大家認為印度計畫十分重要，未來很有可能促使公司大幅成長。公司在詢問狄特是否願意考慮領導這項新計畫時，清楚表明印度的成功會為他打開一條通往高階管理職位的道路。他的直屬長官，技術總監甘瑟，建議他承擔這個角色。「這是執行長的新構想。」他告訴狄特：「如果你讓它成功上路，就會成為炙手可熱的英雄人物。這可以讓你的事業起飛。」

狄特接下了這個新角色，並和太太及女兒搬到加爾各答。他們知道這將是一趟冒險，但對狄特的職業生涯來說是值得的。

狄特成功設立了一家新的小型工廠，還更新一家現有小工廠的設備，並在當地招募工程師。這個廠區在不久後便供應以德國零件製成的工具給印度的現有客戶，並開始生產相關元件，招募當地工程師，採購材料與零件。狄特也開始尋找新的訂單，卻發現當地的競爭比預期中還要激烈。

狄特回到總公司後，大家恭喜他讓印度的營運順利上軌道，但也詢問他關於成長的問題。「那裡顯然有可觀的市場，也一如我們過去所知，正在持續成長。」他向董事會報告：「我們的德國工程傳統是一大優勢。不過，我們正無奈地流失某些優勢。現在我們是一家印度企業，大家看我們比較像是當地的競爭者。我相信我們能爭取到重要的新訂單，但也必須全面投資在業務和行銷上。」狄特報告一個他認為有必要投資的企畫案；相關數字顯示在初期投資階段之後將會有可觀的收益。董事會答應納入考慮。

三年之後，狄特被召回德國。印度的事業表現出色，但是董事會始終沒有點頭同意行銷上的投資，所以沒有出現大家所期望的成長。狄特在印度公司的左右手接掌該區域事業的控制權。

當狄特回到總公司時，執行長客氣地迎接他，感謝他的付出，卻少了一份親切的溫馨感。狄特的上司兼良師，也就是技術總監，早已離開公司。狄特恢復原本的職位，公司承諾只要一出現適當的機會，他的努力就會得到回報。他發現自己必須從頭來過，向新上司證明自己的能力。

案例分析

建立職業生涯時，最艱困的任務之一是如何區分那些肯定能提升你職業生涯的寶貴機會，以及那些好則成功希望渺茫、壞則破壞你職業生涯的機會。

離開總公司尤其會伴隨著重重危機。它讓你遠離封建宮廷，而那裡才是真正政治行動發生的地方；你無可避免地會消失在高階主管眼前，也脫離他們的腦海。等到你重回宮廷時，過去的盟友、支持者和關照者早已升官或離開。唯一的成功模式是以征戰英雄之姿重返宮廷，但即便是那時候，你還是必須打贏一些戰役，才能推翻剛剛得勢的當權派。

留在權力中心也有較多見機行事的機會。如此一來，你比較容易看見趨勢的變化，可以隨機應變，一旦發現某個專案計畫的發展方向明顯不對勁，就能機敏地將它交給別人。如果你遠離宮廷，就會變得孤立而脆弱。

在這個案例中，狄特出手協助公司，勇於面對公司交給他的挑戰。狄特承擔了責任，卻沒有獲得名聲與榮耀。因為少了顯而易見的成功，狄特的表現只能算是善盡職責，而如今不得不重新回歸原本的角色。

他的付出其實可能被視為重大的成就，但前提是在總公司必須有一個位高權重的關照者；這個人必須相信印度市場的潛力，而且能宣傳狄特在那個市場打下根基的事實，讓它在公司眼中成為一項重大成就。沒有這樣的關照者，加上執行長不願意進行確保成功所需的長期投資，狄特的印度之旅自始至終都像是一項危險任務。

狄特在公司的職業生涯如今已然倒退。執行長認為他無法達成公司的目標，狄特過往的支持基礎亦不復存在。即使是新任執行長，他也將認為狄特到印度開疆闢土的紀錄雖然有其價值，卻不突出。現在，狄特跳槽到另一家公司會比較好，屆時在印度成功打下江山的成績，將被視為極具價值的經歷，也是他有能力獨當一面的鐵證。

小結

我們都有互相幫助的天性。一般社群就是奠基於互利上；人們會設法禮尚往來。但在企業裡卻不是這麼一回事。企業的結構與其內部權力鬥爭的本質，意味著幫助同事並不符合你的個人利益，因為人人都是潛在的敵人。可惜的是，幫助資淺同事也不符合你的利益，因為這會使你的時間顯得沒有價值。唯一符合你利益的幫助對象，是支持與協助你交出漂亮成果的那些人。即使你在這種時候幫助支持者，也只能到讓他們能幫助你的程度，不能幫太多，以免導致他們成為你潛在的競爭對手。

- 在企業中，成功是一場零和遊戲；如果你要成功，別人就得失敗；如果你要攀上顛峰，其他人都得失敗。
- 所有企業都遵循著某種型式的鐘形曲線規則。位居最頂端的人會向上爬升，位居最底層的人會被剔除，位於中間的人靜止不動。務必讓你自己被視為少數的成功者之一。

- 無私地幫助資淺同事，並不會被認為是在善用時間。公司期望你專注在自己的工作上，以及幫助你的長官。
- 幫助同儕與相同層級的人很危險。你的同儕全都會對你構成威脅，幫助他們無異於使他們更難以對付。請幫助人們來幫助你，達成那些你將獲得回報的結果。
- 獎勵精挑細選過的對象，以爭取他們的支持。但不要助長他們的勢力，使其反過來成為你的威脅。
- 忠誠無法長久。任何能為了自身利益而對抗你的人，都願意對你表現忠誠。
- 幫助直屬長官通常都有利於你的職業生涯；但不要幫他們做對你職業生涯不利的事情。
- 不要為了幫助組織而犧牲你的職業生涯。設法避開危險的任務。

3 大方分享資源

如同我們在上一章看到的，一般社群裡的人往往會互相幫助。他們也經常對彼此很大方，敞開心胸。我們是一個非常喜歡社交的物種，在一般社群中，我們的天性就是合作與分享。如果一個團體正在艱困的情況下力求生存，團體的成員不會隱藏能力或新發現；他們會加以分享，因為那樣有助於團體的生存。當然，除非情況變得非常危急，那麼大家就會自掃門前雪，只照顧自己和家屬。隨著社群變得更複雜，我們會更關心財產：什麼是「我的」，「不是你的」。但對於忠告和指導，我們還是樂於大方分享。如果其他人陷入困境，我們也會產生伸出援手的衝動。

前一章強調在你職業生涯的進展上，「不要過於幫助別人，以免危害自己的利益。」本章的重點則是：「不要過於大方分享你的獨特資源，以免損害自己職業生涯的利益。」

近代有一個非常好的例子可以證明，即使在相當極端的情況下，我們可能以為人們會表現得十分自私，但結果他們還是傾向於分享資源，相互合作。

一八四八年，位於現今加州沙加緬度市附近的蘇特坊（Sutter's Mill）發現了黃金。淘金熱即將展開。一份美國報紙表達了每個人的期望：

我們擔心加州的產金區域會成為悲慘事件上演的舞臺——流血衝突的現場……我們希望站在人道的立場上，和平與秩序能獲得維護，但我們承認，我們為人民的道德與國家的和平所帶來的結果感到擔憂……接下來十二個月，那裡必定會變得一片混亂，法律將無用武之地，權利將被棄如敝屣，道理也講不通，暴力將大獲全勝。[4]

事實上，如同泰瑞・安德森（Terry Anderson）和彼得・希爾（Peter Hill）在《不太狂野的西部》（*The Not so Wild Wild West*）一書中深具說服力的看法，暴力並未大獲全勝，而財產權不但沒有被「棄如敝屣」，還獲得嚴謹的保護。在缺乏採礦權相關法律的情況下，採礦者自行擬定合約，對他們認為會產出黃金的土地，提出所有權的要求。加州內華達山脈的大部分黃金都位於地表，混雜在河床的沙礫中，或乾涸古河的河床上。採礦者必須找到一塊他們認為會產出黃金的土地，然後「以木椿標示所有權」——用釘在地上的木椿來劃出土地，有時候則張貼註明了主張所有權者姓名的一張手寫告示。

大家很快就形成共識，土地大小應該由個別所有權人能合理工作的範圍來決定。被認為產量相對較低的土地，可以用木椿圍出較大的區域。一旦所有權被記錄下來，你就必須證明自己在積極利用土地：需要用水沖刷沙礫，希望能淘出閃閃發亮的小金塊；有時候如果必須等到水運抵現場，那麼就得每十天貼出意向通知書。如果沒有貼出這類通知書，或是沒有證據顯示採礦者每個月在土地上工作了規定的天數，

4 Quoted in Terry L. Anderson and Peter J. Hill. *The Not So Wild Wild West*, Stanford, California: Stanford University Press, 2004; p 107

就被視同放棄所有權。採礦者可以將工具留在土地現場，做為工作的證據，但這些工具非常可能被人偷走。如果採礦者生病，可以當作沒有積極工作的合理原因。

當然，還是會發生偷竊、違法採礦和偶爾的暴力事件，但是採礦者會快速召開法庭，而且人人都有投票權，迅速有效地處理這些案件。違法者會受到鞭刑懲罰，對最嚴重的案件更會處以絞刑。儘管「荒野大西部」老是被描述成為了求生存的一場暴力衝突，尤其是在好萊塢電影中，「好人」不斷面臨「壞人」的掠奪，但大致說來一般人都很尊重別人的資產。他們明白如果不這麼做，就會淪為無法無天的狀態，導致土匪橫行霸道。[5]

在工作場合裡也有一種非常自然的誘惑，讓人做出同樣的事：分享最好的做法，以及相互合作；試圖「公平」分配資源；假定我們都努力追求相同的共同利益。但是，企業不是一般社群。一般社群認為，互相對抗不符合我們的共同利益，合作才是，但這一點在企業裡行不通。人們無法自行其事，也不准自行達成他們認為公平合理的協議；企業自有其固定的準則與規章，它的雇員必須遵守。

延續前面採礦的比喻，礦場的所有權在企業手上。它買下了整座山。你無法「以釘木樁劃定土地」的方式來取得部分企業所有權，然後希望辛苦工作的結果是得到黃金。企業擁有每塊土地，再將之分配給它認為適合的工人。你是（至少在職業生涯的早期）領薪水的勞工。你帶到企業的技術、能力、知識及其他特質都屬於公司，你付出勞力之後所獲得的成果也不例外。

如果你充分且聰明地善用技能、知識等資產，企業可能會付給你越來越多的酬勞，最後還可能有某種型式的合夥關係，讓你能分享企業所得成果的股票選擇權。在此同時，請提醒自己，企業就像好萊塢版本的荒野大西部：只要一有機會，你的同事真的會設法偷走你的工具、違法搶奪你的土地、突襲你的驛馬車。

在企業內部，你務必像守財奴藏起黃金一樣，隱藏你的資產。謹慎運用它們，

5 Ibid; pp 104-112

力求發揮最大的效益；當你運用知識、技術和經驗，完成一件對公司有利的事之後，請盡量將最終結果占為己有；不斷提醒別人你所達到的成就，因為這項結果現在是你的一項新資產。你的競爭對手會貶低你的貢獻，宣稱成功屬於他們。而公司只要獲得它所要的，就不會特別在乎這一點。

善用資產的重點，在於規畫與政治。

十九世紀美國的加州黃金開採者之所以團結起來，是因為其他人不會為他們創立一個社群。他們知道自己無法獨力開採到黃金。如果少了社群、初期的制度和具約束力的協議，他們只會成為互相撕咬的野獸。

在企業中，你不但能獨立作業，而且也不得不自立自強。你可以擁有盟友、支持者和關照者，但如果要登上顛峰，你就必須在某個時候拋開他們，獨立開創新局。在爭相攀向顛峰的競賽中互相支持的人都知道，到了某個時候，局勢會變成人人有希望，個個沒把握，此時就必須兄弟登山各自努力才行。

一如我們先前說過的，在企業中開創職業生涯就像是一種戰爭，而戰爭中最重要的是資源。就算困難重重，一名優秀的將軍還是能打贏一場戰役，甚或一連串的軍事衝突。在戰爭中，個人總是有可能憑藉其優異的能力，改變交戰雙方的優劣狀態。然而長期下來，戰爭最終會分出勝負，都是因為其中一方具有較佳的戰鬥力、優異的火力，以及強大的資源。

你的職業生涯亦是如此。

善用你的資源

我們來思考一下那些資源，也就是你帶到戰場上求取勝利的東西。你最重要的資源是：

- 你擁有的資訊和所瞭解的事情
- 你個人的技術和能力
- 你的經驗
- 你的人脈網絡

你可以從兩個角度來看這些資源。首先，在公司奮力求生存、努力往前邁進的過程中，你能提供什麼（公司可能給予報酬）。第二，在攀向顛峰的競賽中，這些資源如何協助你超越那些希望擊敗你的人。第二點比第一點更重要。

無論是哪個角度，你的諸多才華和能力中，有一些就是比其他來得有用。

你會注意到，我們沒將「智慧」或「聰明」當成資源。非常聰明固然好，但問題是，企業中的其他人認為他們也一樣聰明，而其中有些人真的非常聰明。聰明是一個好的開始，但它不能給你真正的競爭優勢。聰明能夠讓你善用其他資產；它通常不是你能儲存起來或在適當時機加以運用的一項資源。

你的情緒智力（emotional intelligence）也差不多。它能使你成為一個優秀的經理與領導人；它賦予你與別人建立穩固關係的能力，讓你能夠從他們的角度思考。然而，小心你的情緒智力。對別人抱持太多同理心，有可能造成對職業生涯有害的那些「好」習慣：樂於助人、大方分享你的時間與資源，以及本書「失敗主管的六大習慣」中的其他四種。

還有什麼呢？你具備努力工作的能力，但這不是一項有明顯鑑別性的特質，而且如果你努力工作但不聰明，它甚至可能如先前看到的，會變成一項缺點。

前述的第一項資源是「知識」：你在職業生涯中得到的資訊，讓你成功做好你的工作。這是非常具有價值的。儘管拜網際網路之賜，任何地方的任何人似乎都能取得各種人類知識，但實際上並非如此。

第二項資源是「技能」。你隨時都可能具備別人沒有的技能；但是其他人可以很快就學會它們。企業投入大量時間、金錢與精力在訓練計畫上，讓它們的主管獲得需要的技能，好為公司效力。你應該認定，你具備的任何特殊技能很快就會變得稀鬆平常，不過你的整體能力依然是一項資產。

我們清單上的第三項資產是「經驗」，它會融入你的知識和技能裡：你在工作生涯裡經歷過越多狀況，就越有可能在面對新的情勢時做出對的決定。

你擁有的大量獨特資訊，以及因獨特經驗累積而成的獨特技能，都是相當寶貴的資源。天底下還是有專門知識這種東西。理論上，人們幾乎可以找到他們需要的任何資訊，但是他們或許不懂，或者理解程度無法像那個領域真正的專家那麼透澈。此外，如果他們不是專家，一開始就不太可能想到要去尋找那項特別的資訊。知識、技能加上經驗，使你成為專家；它們會發展出深刻的見解，而這種見解才是關鍵。

我們在知識經濟中工作，因此以有趣方式運用知識的能力，自然是一大資產。

請務必記得，你的獨特見解，也就是你帶給企業的那些聰明而創新的想法，並不會獲得獎勵，除非你非常努力地讓它們得到賞識。企業擁有你的構想。你可能給了企業一個價值不菲的構想，它會客氣地感謝你，然後繼續前進，把你留在原地。如果想靠傑出的構想來提升職業生涯，你就必須「擁有」它，成為外人眼中的擁有者，並盡可能繼續維持擁有者的身分。即使意志力再怎麼堅強，人們的記憶都很短暫。他們會忘掉那是你的構想。他們會開始說服自己，那件事大家一直都知道，或者那其實是他們自己的想法。我們都曉得，在企業的工作環境裡，並沒有提供「世界上最強的意志力」。我們的同事經常對我們抱持敵意；他們處心積慮想要中傷我們，剽竊我們的想法，藉由犧牲我們來成就自己的職業生涯。

如何善用資源這件事的核心裡，有一個弔詭的地方：向企業證明你的價值時，你必須運用資源，但在同時，你對企業的價值也開始降低。而且，這個過程的速度也會逐漸加快。資訊、技能、經驗、人脈等資源的使用壽命，都是日益減少的。在過去，企業主管在整個成功職業生涯裡或許都能使用的資源，如今可能幾年之內就消耗殆盡。情勢變化快速，企業日益飢渴，它們需要以不斷加快的速度來消耗員工的資源。你必須在過程中持續補充資源：吸收新的資訊，學習新的技能，拓展你的經驗，擴大你的人脈網絡。

真實案例
絕妙的保險構想

石油與天然氣鑽探公司一向往大格局思考。他們會大量投資在鑽探作業上。發現油氣來源時，它們會運用大量的資金、技術、人力與專業，解決開採石油和天然氣的問題。如果成功，它們就能開採大量的產品好多年，回收投資成本並獲得可能相當龐大的利潤。

如果業務規模不大，油氣鑽探公司就會失去興趣；例如，它們並不是特別習慣去管理「晚期資產」（late-life assets）。隨著近海油井接近生產壽命的尾聲，最初建造油井及開發油田的公司，往往寧可將它們的資產以低價賣給專門業者，以回收部分的原始資金，然後繼續去鑽探下一個大油田，讓專門業者擠出油田裡最後一點石油或天然氣，並進行吃力不討好的油井除役作業。

整個「晚期」作業含有許多不同層次的風險。一座幾近耗竭的油田到底還剩下多少石油或天然氣，並不容易預測。石油和天然氣的價值變化無常。油井本身的除役過程也充滿了困難和風險，情況往往沒有一開始看起來那樣單純：意外難免發生，出錯時有所聞。因為種種因素，接手這些晚期資產的專家發現，要為他們的事業籌募必要的資金，是非常困難的。

亞倫是一家全球性石油天然氣服務公司總公司的資深主管。他成年後一直在這一行工作，剛開始是油井工人，然後改做鑽探工程，接著升為專案經理。現在他在一家專門收購晚期產油資產的公司負責專案管理。幾年前，亞倫想到一個絕妙的構想，而它大幅改變了這個產業。

亞倫有一部分職責是與保險公司打交道：在這個充滿風險的行業，任何可以保險的東西都有保險。亞倫經常與某家保險公司往來，他與該公司的一名資深主管庫瑪，在私底下也成了朋友。

有一次討論公事時，亞倫談到他的產業為專案計畫籌募資金時的問題，尤其是因為最後除役過程中的不確定性太高。業者相當容易碰上不可能預料的嚴重問題，又必須花大錢才能解決，而這些情況對整個專案計畫的獲利也造成了重大的影響。

兩人談了這個問題，庫瑪拿航空業來做對比。墜機發生的機率極低，而航空業也窮盡一切努力，確保他們從每次墜機意外中得到教訓，避免相同因素造成的災難一再發生。實際上這也代表，下次災難的起因是無法預見的。庫瑪說，不過無論原因是什麼，航空業墜機的發生機率都相當低。如果可以在油井除役過程發生重大事件的機率上，建立類似的歷史紀錄，那麼應該就有可能提供保單來承擔風險。

那次見面之後，亞倫反覆思考他和庫瑪的對話好幾次。最後，他問庫瑪能否蒐集足夠的數據，幫收購即將除役的晚期油井保險報價。如果除役過程的各種風險能夠有保險，那麼金主就會覺得比較可以放心投資。

此外，想把老舊油井移交給專業公司的石油公司知道，除役風險對這類計畫在籌募資金上是個問題，而且無法預料的除役問題，其實是一開始建造油井的那些人的「問題」，所以可以要求石油公司本身支付保費，幫助油井的買家應付未來這類無法預見的問題，做為原始交易的條件。

亞倫和庫瑪把相關交易的技術細節整理得更完善，接著亞倫向他的長官提出這個構想，長官再向董事會報告。董事會接受了，當下一次機會出現時，庫瑪的公司便提出一個方案，希望為除役過程保險。出售油田的石油公司準備吸收保費的支出，讓亞倫的公司在重大風險有投保的情況下，更容易募得資金。這個做法後來成為業界的標準程序，促成了價值數億美元的交易。

可惜的是，等到亞倫的公司完成了第一筆這樣的生意時，大家都已經忘了那是亞倫的構想。他親自參與的角色，造成他難以提醒公司高層，最早提出這個概念的人就是他。比亞倫更資深的主管，早已開始將那個構想占為己有，讓他們的職業生涯坐享其成。亞倫的構想長期下來成為公共財，對他自己的職業生涯卻幾乎沒有產生影響，但庫瑪卻設法「擁有」這個構想，總是能夠讓人認為他就是一手開拓一個數億美元保險新市場的那個人。

案例分析

跟你的知識一樣，你的技能、經驗和人脈網絡、構想，都是必須好好利用的資產，藉以提升你的職業生涯。

擁有一個絕妙的構想，很可能會讓你贏得短期的認可。企業喜歡帶來出色構想的聰明人，也很可能以升遷來獎勵他們。但是要將出色的構想變成職業生涯上的進展可不容易，而且根本不是順理成章、絕對會發生的事。

如果你有一個真的非常了不起的構想，很多人都會聲稱那是他們自己的主意。

如果人們記得你是首先提出那個構想的人，那就確實非常幸運。

因此，當你有一個好的構想時，請努力使它為你的職業生涯帶來最大的潛在利益。在釋出細節之前，請謹慎挑選時機；盡量選在非常公開，而且清楚「標示」著你名字的場合。設法引起最熱烈的迴響；盡全力「擁有」那個概念，最好是你能夠主導那個能開發你構想的潛在利益的專案計畫。大力宣傳自己，大聲向外界宣告你的參與程度，以及你的傲人功績。

古羅馬的歷史學家塔西佗（Tacitus）說過一句話，大意是「戰爭的不公平之處在於，人人皆宣稱勝利，而失敗卻歸於一人。」針對這個觀念，美國總統甘迺迪（John F Kennedy）說得更為傳神，他如此談到美國入侵豬玀灣的慘敗經驗：「勝利有一千個父親，但失敗卻是個孤兒。」

本章的核心論點是：無論你的技能與知識是什麼，無論你可能有什麼重要見解，不要立刻大方地與你的同事分享這些資產。它們是你的獨特資源。如果把它們拱手交給同事，無異於削弱你自己的權力基礎，賦予他們競爭優勢。再度提醒你自己，你的職業生涯進展是一場零和遊戲：如果你要成功，別人就得失敗；如果你要當專家，別人就不能是專家。

以下是例外的情形：你可能需要將某些資產傳給自己的團隊。你當然必須轉移足夠的資訊和經驗，確保他們不會把事情搞砸（身為他們的長官，惡評會反映到你身上），也確保他們有能力達成讓公司獎勵你的結果。這是一個你必須執行，而且不斷追求平衡的行動。

就像我們在上一章談到的，你需要幫助別人來協助你；你需要交出某些資源，但不要讓他們有辦法利用你給他們的新資源來壯大自己，卻犧牲了你。

你也可以選擇將某些資產分享給不屬於自己的團隊，但可能成為盟友的那些人，不過務必要謹慎。設法給他們剛好足以解決眼前問題的資產，但盡量別提供他們能在日後用來對付你的東西。

最後有一項只有你能擁有的資產，是你的人脈，也就是由公司內外可能對你有用的人所構成的人際網絡。你的「外部」人脈尤其深具價值。許多候選者之所以獲得最高層的職位，是因為他們被認為人脈特別廣。有辦法接觸到對公司有價值的人，是一項重要的資產。企業不見得能夠將產品或服務賣給門後的那個人，但是你握有那道門的鑰匙，甚或你知道某人的電話號碼，而那個人可以聯絡上真正擁有鑰匙的人，那都是十分難得而重要的關鍵。

企業花大把鈔票聘請公眾人物（通常是過去的政治人物）擔任顧問，主要就是希望得到兩個結果：首先，政治人物獨特的資訊與經驗，讓他們對世局產生非常寶貴的看法，而這將對企業有利；第二，政治人物擁有非常有用的人脈，將有助於打開對的門。

就拿本書撰寫期間的一個例子來看，英國在二〇一六年決定脫離歐盟之後，新任首相讓前財政大臣喬治・奧斯本（George Osborne）去職，離開內閣，接著全球性資產管理公司貝萊德（BlackRock）便聘請奧斯本擔任顧問。對於奧斯本先生優渥的酬勞：相當於每週工作一天，就能領到年薪六十五萬英鎊（約八十一萬兩千五百美元），媒體提出了許多評論。在宣布這項人事案時，貝萊德的執行長表示，奧斯本「對於影響今日世局的各項議題，具有獨到與寶貴的看法」。反對黨的一名政治人物指控奧斯本「利用他在內閣時的通訊錄牟利」。關於奧斯本為什麼對這家資產管理公司如此重要，上面兩種說法大概都沒錯，不過貝萊德極力強調，奧斯本不會針對任何政策議題遊說英國政府。

關於你的外部人脈網絡，在此提出一點警告：人們轉職的頻率日益提高；你在某家公司的人脈，很可能在兩年之後換到另一家不同的公司。現有的任何人脈網絡都有保存期限，需要不斷更新。如果你希望善用外部人脈，讓職業生涯更上一層樓，就應該打電話，採取行動，而且越快越好。

真實案例
太過實用的介紹

史蒂芬在英格蘭西北部一家成功的廣告公司擔任總經理。對於個人的人脈在事業上的價值，他深信不疑。他的經驗談如下。

廣告業仍然是一個「人」的行業。廣告公司固然具備許多優秀的能力，但重點都在於我們與客戶的關係。有一個很棒的故事，一位知名的廣告公司老闆說：「我們與災難的距離，一向只有三通電話。」似乎沒有人知道這個「知名的廣告公司老闆」是何方神聖，所以我猜它是一個杜撰的故事，不過這句話說得好。廣告業的每個人都知道它代表什麼意義：你可能有二十或一百個客戶，但是支撐你業務的大概只有三個主要客戶——幫你付帳單、支付大部分薪水的三個主要「金主」。如果你在短時間之內連續失去這三個客戶，就真的必須靠運氣才能存活下去。而這種事是有可能發生的。

好玩的是，你會想像客戶花錢購買的只是我們的能力。你以為如果我們好好為客戶擬訂整個廣告宣傳策略，表現出色，那麼他們是否喜歡我們，其實無關緊要。他們會說：「那些人幫我們做的廣告非常棒。我個人受不了他們，但還是忍了下來，因為他們的表現實在很棒。」但其實並不是那樣。客戶必須喜歡你們才行。他們必須想要花時間與你們共處。客戶會跟著這個行業的人走；大多數新的廣告公司都是這樣開始的：少數幾個最高層主管自立門戶，成立新公司，因為他們知道有特定的客戶會跟著他們離開。

我是經歷了切身之痛，才明白這一點；我猜我們都一樣。如果你與客戶有強烈的默契，就想盡辦法守護它；你不能讓客戶被別人搶走；要確保每件事都透過你。跟你說一個直到現在都還令我難過的例子。大約十年前，社群媒體才剛開始萌芽，就廣告業來說是那樣的。沒有人確定客戶是否應該開臉書專頁或推特帳號之類的，而且當時根本沒有一點跡象顯示，這些東西日後會變成重要的廣告媒體。

在我擔任客戶總監時，有一個老客戶對社群媒體非常感興趣。因為我們必須走在潮流的尖端，自然有一名員工負責掌握各種趨勢的相關資訊，而他真的非常投入，一點也不誇張。我很希望我跟得上主流的趨勢發展，但又覺得自己不是那個領域的專家。於是我心想，某某某（我不會告訴你他的名字）是負責這件事的理想人選，那我就介紹他給客戶好了。當然，他們一拍即合，因為這個客戶很肯定社群媒體對他們來說非常重要。

我很高興，因為我們都是一個快樂的大家庭，對吧？如果客戶高興，我就高興。但接著，我發現那個某某某背著我跟客戶見面。於是我讓他知道我不樂見這種事，而他也表示十分抱歉，並告訴我不必擔心，他們只是在討論一個完全推測性的問題，那是關於社群媒體如何發揮作用，而且他無意影響我跟客戶的關係。可是實際上，他已經讓客戶在社群媒體那方面的業務，變成他自己主宰的範圍。

你大概可以猜到後續情況如何發展。大約一年之後，這個員工成立自己的專門廣告公司，同時搶走我們客戶的社群媒體業務。我們依然與那名客戶有業務往來，我跟她的關係還是不錯，但是如今社群媒體業務絕對是一筆大生意，而這個客戶的那一大塊餅我們卻吃不到了。

當時我應該掌控那段關係才對。那段關係是我的資產，也是公司的資產。我們的社群媒體業務員是我們的資產，我指派他去與客戶接洽並沒有錯，但是我卻沒有好好控制那段關係。他應該只能在我控制的情況下接近客戶，就是「現在我想介紹某某某給你認識，他會向你說明我們對社群媒體將如何發展的看法」之類的做法。

幸好，那件事並未損及我的職業生涯。我還在這裡經營這家廣告公司。但是我能告訴你，當時它對我沒有任何幫助。目前就公司的角度來看，我沒有控制好那個客戶，而他們的看法並沒有錯。我給你們的忠告是：與客戶維繫堅定的人際關係是十分重要的，而且你需要細心維護。如果你邀請所有人參加派對，然後只說：「這是我客戶的電話號碼；打通電話給他們，別客氣！」那麼下場可能讓人欲哭無淚，八成不會有好結果。你的重要關係是你的重大資產，不要失去對它們的控制權。

案例分析

在仰賴任何一種客戶與經紀商關係的行業中，培養與維護人脈的重要性特別明顯，不過以下也是一個眾所周知的事實：你在企業內外的人際網絡專屬於你，而它是一項強大的資產。你可以善加利用這項資產，其中一個方式就是介紹你網絡中的人給公司裡的人認識，而前者可能對後者有幫助，或是反過來。

無論如何，取得掌控權十分重要。你的人脈必須一直是你的人脈。如果你將他們拱手交給別人，就會失去這項資產的控制權。

最後，你還可能擁有另一項資產：你知道的事情與你擁有的人脈，通常會對公司的業務造成直接的影響；它們可能幫公司賺錢或省錢。許多企業主管有辦法決定到底在何時為公司賺錢或省錢，其精準程度令人吃驚，而且對經常性預算也能產生相同的效果。

選擇何時為企業賺錢或省錢，本身就是一項資產。如果一個部門因為編列預算而受到獎勵，但是預算未執行率是五％或五十％並沒有差別，那麼該部門就可以決定保留獲利的合約到下個期間；或者提早列出可列支費用，因為他們知道這段期間的數字無論如何都無法達成。

任何制度中都隱藏著許多不當誘因和限制。如果你的職業生涯發展無法獲益，那麼對制度「大方」就毫無意義。這些賺錢或省錢的策略也是資產，你應該小心貯藏，在最能提升職業生涯的時候加以利用。

小結

就像我們有幫助別人的天性一樣，我們也有敞開胸懷、慷慨大方的天性：我們往往會分享許多東西給社群裡的其他人。有些東西我們視為自己的財產，但是我們明白在其他大多數方面，社群的成功與健康對自己的成功與福祉是至為重要的。我們樂於幫助鄰居，尤其是因為他們或許有朝一日也會幫助我們。

但是企業不是「一般」社群，而企業的成功又是一場零和遊戲。太過樂於幫助你的同事，可能會讓他們在攀向顛峰的競賽中超越你。太過大方分享你的資產，可能造成雙重的損害效應：一方面消耗你的資源，同時也強化同事的資源。

你的重要資產，就是你的獨特知識與經驗、技術與能力，以及人脈網絡。技術與能力可能被別人奪走；資訊也越來越容易讓所有人取得。真正屬於你的資產是你的獨特思維，這來自知識、技能與經驗的總和；還有你獨有的人脈網絡。

- 攀登到職業生涯的顛峰是一場零和遊戲：你想成為專家，別人就不能是專家。
- 你有某些資源能賦予你競爭優勢；細心守護它們，並謹慎運用。
- 你的重要資源是你的：
  - ▼知識
  - ▼技能
  - ▼經驗
  - ▼人脈
- 你需要分享某些資源給你的部門，如此一來部門表現出色，你才會臉上有光；這裡的基本原則與「樂於助人」的原則相同：分享足夠的資源，幫助同事來協助你，但不要幫過頭，犧牲了你自己，卻讓他們提升自己的職業生涯。
- 你的整體知識、技能與經驗，使你成為專家，並開創了獨特見解與新構想的可能性。
- 你的構想是你最珍貴的資產：一旦把它們分享出去，就要努力保留它們的所有權。提醒所有人，每一項特別的優秀創意都是你的構想，只屬於你一人。

- 你的人脈是一項非常珍貴的資產，但它們很快就會過時，請盡快善加利用它們。
- 在你的資源能夠對職業生涯發揮最大影響之際，好好運用它們，不要輕易分享給別人。

4 單打獨鬥

前三章的重點是盡量約束我們天生的社交傾向，不要太樂於幫助他人以及大方分享資源。我們主張，大家很容易將企業想像成一種社會結構，就跟人類社群一樣，但這樣的想法很危險，畢竟它們並非社會結構。在企業內依照我們一般的社交方式來做事，可是一個非常糟糕的想法。在企業中，重要的是權力。

企業其實是一種個體，全然自私的個體。企業運作的目的是為了本身的私利，而非那些為它工作的人的利益。為企業工作的人有義務追求企業的最佳利益，而不是他們同事的最佳利益。努力晉升至企業之內最資深的角色，屬於每個人的自我利益，因為企業給予高層主管的報酬高得出奇。由於高層資深主管的名額極少，因此企業內每個人的行為在本質上都是自私的，而非友好和善的。

這並不代表企業內部沒有社會結構；企業裡確實有一種社會結構，但它與一般人類社群中的那些結構不一樣：企業內的社會結構完全奠基於權力與影響力之上，而不是互相協助與支持。我們在第一章指出，最好將企業的權力結構想成一個封建社會，君主將頭銜與特權授與強大的勛爵，後者再將頭銜與特權提供給自己封邑中的人，以交換他們的服務與支持的承諾。君主與勛爵都希望將其他君主和勛爵踩在腳下，讓自己變得更強大；野心勃勃的朝臣期望更上一層樓，誓言效忠最能夠協助他們的那些人。掌權者及其支持者都有特定的效忠對象，但也處在一個時時可能變動的結盟網絡中，因為每個人都在不斷追求權力的戰役中競逐優勢。

在企業中亦是如此。

建立成功的職業生涯，需要具有洞察力的清晰眼光，明白企業的權力何在，以及誰最適合幫助你提升職業生涯。有一項最常見的錯誤，也是最致命的「好」習慣之一，就是認為你能夠憑一己之力開創成功的職業生涯，只仰賴自己的才能與努力。

事實上，你必須利用公司的權力結構來幫助自己。你必須獲得支持者，這些人代替你工作，為你帶來讓你上司刮目相看的結果；你也需要關照者，這些擁有權力的人相信，他們與你結盟之後能夠獲利。一般說來，潛在的關照者會假定他們能夠在權力爭奪戰中領先你；他們必須相信，你將為他們帶來成功，對他們攀向顛峰的競爭有所助益。因為他們也需要自己的支持者，一個能夠與他們並肩作戰，並在他們爭奪更大權力時支持他們的成功人士。

當然，你也有可能表現得太出色，以致於潛在的關照者認為你有一天會在攀向顛峰的競爭中超越他們；如果是這樣，那麼他們就會希望你成為盟友，一旦你超越他們，最好也能成為他們潛在的未來關照者。你十分可能以這種方式獲得一個關照者，即使他們目前把你當成威脅。但這只有在你始終保持成功，氣勢銳不可當的情況下才會發生。如果你出現任何衰弱的跡象，你未來的關照者就會反過來對抗你，設法終結你的職業生涯，從而剷除掉一個潛在的威脅。

如果你認為自己的職業生涯即使少了對的關照者，依然能夠蒸蒸日上，這種想法是非常危險的。挑選對的關照者也很重要：他們本身可是在持續不斷的權力爭奪戰中，百戰百勝的贏家。

真實案例

錯誤的關照者

克里斯多福是一家聲譽卓著的獵人頭公司的共同創辦人。他與我們談到為什麼高階主管有必要找到對的關照者，以及跟著「錯誤」的關照者有多麼危險。他的見解如下：

每個人都需要一些關照者，或至少一個主要關照者。大家都寧願相信他們會靠自己的努力成功，毫不費力地攀上顛峰。對於最頂尖的人來說，這樣的期待可謂合理。如果你有那麼優秀，當然可以認為其他人會發現你的優點，幫助你升遷。事情有可能這麼簡單，但情況通常複雜多了。即使是最頂尖的人都需要內部的支持；他們需要「關照者」。在我長期的經驗裡，選擇對的關照者是登上最高峰的人與「其他選手」之間的主要差別之一；後者才華洋溢，始終是競逐最高層主管的候選人，但似乎永遠無法如願。

對於應徵高階職位的客戶，我們有一項服務是提供他們所加入的組織的某種祕密架構圖。我們為他們詳細說明權力基礎何在，誰在往上爬，誰又正在走下坡：我們指出誰能真正影響他們的職業生涯，真正的權力中心在哪裡。公司總是有公開的組織架構圖，讓你看到誰是長官，誰向他們報告，以及由上到下的權利結構。此外，還有真正的組織架構圖，讓你看到真正掌權的人是誰；誰在幕後操控大局，能夠獎勵對的人。我跟你舉個例子。

經過非常辛苦的面試過程之後，我們安排了一個非常資深、實力堅強，而且絕對有資格錄取的應徵者。最後一次面試的面試官是組織中地位非常高的人，而他們兩人一拍即合，所以應徵者自然認為這個人會是他的主要「關照者」，應該緊跟著對方，希望對方會提拔他，繼續向上邁進。這位客戶在公司裡安定下來之後，我們便依照慣例與他會談。我們告知，面試他的人（在此以麥可稱呼他）其實沒有達成一項重要目標，而且根據消息來源，他即將去職。這件事不會立即發生，但我們確定這位客戶不應該以為麥可會大力幫忙，且長期下來對他的職業生涯會有所助益。麥可就連中期都幫不上忙。於是我們和他會談，指引他去找其他表現出色許多的資深主管，從長遠的角度來看，他們能提供他更多幫助。情況就是那樣開始發展。我們這位客戶在一定程度上非常支持麥可，並盡可能善用和他的關係。但他也設法與麥可的失敗保持距離，並與我們視為真正權力來源的那些人建立堅定的關係。因此，等到麥可的明星光環開始黯淡之際，我們的客戶已經有了其他重要的關照者，其中一個人也提拔他更上一層樓。等到那個關照者另有高就或離開時，他的地位已經非常穩固，可以接掌最高層的職位。而麥可當然早已不在公司。

錯誤的關照者可能十分有害。如果你與一個被認為邁入衰敗境地的人扯上關係，可能會跟著被拖下水。另外還有一些我稱為「殘酷」的關照者。他們對人相當苛求。只要你對他們有用處，他們就會照顧你，一旦你不太符合他們的要求或不夠支持他們，他們就會拋棄你、中傷你。他們有點像《哈利波特》（*Harry Potter*）裡的催狂魔（Dementor）：會吸走你的命。只有在你會贏、對他們有利的情況下，他們才要你。

當然，如果他們在有辦法棄你不顧之前，自己就失敗了，那麼你就會陷入困境，還可能遭到排擠。

你需要找到真正能夠幫你提升職業生涯的人。他們實際上或許不見得比「催狂魔」來得善良，但是他們的危害可能不會那麼大。他們比較擅長「魚幫水，水幫魚」那種事。

我們會與客戶談到，找出資深主管的「孩子」是誰；也就是他們的最愛。企業在我們眼中有點像大家庭。第一要務是去發現真正的主管是誰，真正的爸爸和媽媽；接著，找出他們的「孩子」是誰，那就是他們所關愛、照顧，願意盡一切努力看到他們成功的那些人。接著，客戶需要發現這些主管孩子的「教父」、「教母」是誰；他們屬於主管大家庭支持網絡的一部分。再來，他們自己應該試著擠進那個網絡，在一個理想的世界中，他們將成為主管的「孩子」之一，最受喜愛的其中一人。

這聽起來極為憤世嫉俗，但恐怕企業最高層的情況差不多就是如此。至於在中層，也是那樣。

案例分析

我們大多數人都沒有克里斯多福的職位所賦予他的那種獨特視角，而必須自己評估企業中的權力核心在哪裡，誰是長官最喜愛的「孩子」，以及提供支持的「教父」、「教母」。辦公室的八卦消息可能極具價值，但也可能是錯的。請睜大眼睛，留意那些會洩漏內情的線索，察覺是誰的行情正在看漲，誰的光芒逐漸黯淡。

研討會之類的企畫活動非常有用：誰被選中或沒被選中去擔任主要報告人，就可能透露許多線索。此外，如果有人相當出乎意料地做了一次精彩報告，提出非常出色的成就，那麼他們可能很快就會竄起，引人矚目。

有些殘酷的長官利用這類場合公開羞辱某個人，特別指明某次失敗，讓所有人知道與那次失敗有關的人都不受青睞。這些「企業身體語言」也可以在會議、走廊上看見，甚至隱藏在電子郵件對話的字裡行間。請在心中默默記下那些探出頭來的「贏家」和「輸家」。尋找那些最有潛力成為你的關照者、能幫助你職業生涯更上一層樓的贏家。

此外，也要注意我們先前提到的「盟友網絡」：隱而不顯的忠誠與擁戴。兩個同事私下可能有共通點，或許他們在公司中開始接觸，接著很快成為朋友。這兩個朋友中的一個目前職位可能遠比另一位高很多，但他或許依然非常保護他的老朋友。結果，這個老朋友升遷之後的職位或許稍微高出了他的能力；這對我們來說不太要緊。重點是，攻擊這位高階主管的老朋友可能非常危險，因為主管或許會展開報復。樂觀一點講，支持這位高階主管的老朋友，可能是贏得他關照的好方法。在性政治上也是相同的道理：你務必要知道兩個人是不是「一對」。如果其中一人是潛在的關照者，請好好與他或她的伴侶相處。

最後，重要性不輸前面各點的是，永遠都要善待高階主管的個人助理；他們會對你產生一些看法，而且會流傳出去。

最明顯的「關照者」是你的直屬長官。所以，最簡單的升遷途徑不僅是讓你的長官刮目相看，還要積極幫助他升職，然後獲得獎勵，接替他原本的角色。有許多實例顯示，人們都是一路追隨這樣的關照者，每當原本的長官與關照者升職，他們也跟著晉升到新的高位。

然而，你在某個時候可能遇到一個不願意成為你關照者的直屬長官，原因最有可能是他們有其他喜歡的人選，而那些人當然就成了你的直接競爭對手。碰上這種情況時，你需要找到比你長官更高階的關照者，在你長官升職時，確保你能接替他的角色，或是能在公司裡其他部門幫你找到與那個不支持你的長官同階層的職位。

有一個事實值得我們思考，那就是你的直屬長官不見得是你最理所當然的關照者：有些長官會挑選一些門徒，培養他們成為理所當然的繼任者；有的長官則對團隊中所有才華洋溢的人都抱持著懷疑態度，擔心鋒頭被他們搶走。

設法將你的直屬長官變成你的關照者，只是一項人盡皆知的「常識」，它顯然是你應該努力達成的目標。比較有利的關照者是位階較高的那些人；他們對你的正面看法，可能在未來你無法預測的某個時候成為關鍵因素。總是會有某些場合，人們提起你的名字，高階主管談論著你，而這些情況根本不在你的掌控之中；你完全必須仰賴先前你給這些人的印象。此時他們即將在你不在場的情況下，做出可能影響你整個未來的重大決定。

真實案例
痛失八百萬英鎊

艾略特現在是一家金融科技（Fin Tech）公司的執行長。他談到職業生涯的早期階段，以及未能與公司裡一個關鍵人物建立關係，如何害他損失了一大筆財富。

大約八年前，我大膽一賭，加入早期的一家金融科技新創公司。雖說是說「賭」，但在我加入時，那家公司看起來已經相當穩固。實際創立公司的那兩個人正逐漸變成年輕富豪，公司也提供高階主管成為完整的「權益合夥人」（equity partner）的機會：給你公司股份，以及共享利潤。這一點才是真正重要的。一名高階主管的年薪可能高達二十萬英鎊，但是一個完整權益合夥人可能擁有一百個「單位」，當公司收益非常好的時候，共享利潤會來到每單位七千五百英鎊左右，因此權益合夥人可以賺到七十五萬英鎊。你應該能想像我其實非常渴望能成為完整權益合夥人！我工作十分賣力，達成所有目標，可是卻沒有晉升為權益合夥人。

我直到離開公司之後才發現原因。因為我依然與那裡的某些人維持友好關係，其中一個人在幾年前告訴我這件事。權益合夥人資格是由現有的合夥人所賦予的。他們聚集在一起，決定他們認為誰應該獲得權益合夥人的資格。數字很重要，顯然你必須達成業績目標，但是決定權還是握在他們手上。那不是講求民主的過程，沒有任何規則說「如果你做了甲、乙和丙，就絕對能成為權益合夥人」。那基本上是一個俱樂部。

如今我明白，我其實不在那個俱樂部裡。一切都歸結到一個人身上。這是我朋友告訴我的。當時有人提議讓我成為合夥人，因為如同我說的，我非常努力達到業績，但是那個人不支持我。其實我跟那個人的關係不錯，並不是他不欣賞我或者我們痛恨彼此之類的。但是現在我明白，我就是跟他聊得不夠多，互動不足。我沒有刻意讓他看見我工作有多認真，我的表現有多麼優秀，或者我認為他是個多麼棒的人！因為我一心以為我的績效表現就能證明一切。

我心想，我拚得要死要活，業績嚇嚇叫，每個人都會看在眼裡。結果，這個人就是沒看到。他認為我做得還不夠，沒資格當上權益合夥人，而那是一種十分主觀的看法；他和我就是混得不夠熟。

企業界的人喜歡假裝什麼事都是客觀的，一切看數字，其實不然。當情況很糟糕時，數字才突然變得非常重要：「你沒有達到這個或那個數字目標，所以顯然我們必須請你走路。」但如果是最高層的職位，關鍵因素不盡然是數字，而是選邊站的問題。誰是「我們的一分子」。人們之所以升官，接掌重要職位，或成為權益合夥人，是因為他們與對的人建立了密切的關係。因為他們與對的人產生良好的互動。

我沒當上權益合夥人的那一年，兩名創辦人讓公司公開上市。他們首次公開募股，狠狠撈了一筆。如果你拿到權益合夥人能獲得的一百單位股份，那些股份公開上市後的價值就高達八百萬英鎊。因此，如果我花點精神跟那個人談天說地，跟他說他有多麼棒，現在就有八百萬英鎊入袋了。而且你知道嗎？儘管我熱愛我的工作，但我應該不會在這裡！我大概會跟老婆小孩待在某座海灘上。

股票上市後，我離開了那家公司，因為我實在無法忍受每天見到我的同事們——當上權益合夥人的那些人。他們看起來好快樂，我真的受不了。我知道自己這樣很膚淺，可是我不想那麼難受。如果一直去想那種事，你可能會非常不好過！

案例分析

艾略特描述的情形是一個常見的職業生涯問題，而且屬於高風險、令人非常難忘的一種版本。

任何企圖提升職業生涯的人，在某個時間點都難免成為資深主管對話中的主題。這些資深主管對於你、你的才能和潛力，都只有模糊的看法，而你不會加入對話，也無法向他們介紹你自己的傲人成績。

你的盟友和直屬長官或許會為你說好話（也或許不會），但資深主管可能已有定見，或對你沒有任何看法，因為他們不記得曾經見過你，或者他們記得見過你，但覺得你沒有花足夠的心力去善待他們：對他們來說，這可以當作充分的證據，顯示你無法令人留下深刻的印象。

設法在資深高階主管心中留下足夠的印象，絕對有必要，這才能讓他們對你產生正面的看法。

非常成功的人往往在職場上快速晉升，從一個角色變換到另一個更重要的角色。他們之所以脫穎而出，原因通常不是他們目前在做什麼，而是他們覺得未來能做什麼。他們散發出自己就是未來高階主管的印象。

高效率的中階經理人有兩種，一種不見得有成為未來高階主管的潛力，另一種則擁有未來高階主管的模樣與架勢。這兩者之間有一個重要的差異。公司當權派可能會讓前者留在原地，因為如果讓他們晉升到超出其能力的職位，就代表了風險。相對地，他們可能快速提拔後者，原因不在於他們目前的角色呈現出什麼特別之處，而是他們所提供的願景。

顯然，重點在於自信。展現贏家風範，就是在成為贏家的道路上邁出一大步，不過其中也有明顯可見的風險。如果你成功給他人領先群雄的印象，那麼立刻會捲入激烈的政治風暴中：你將招來嫉妒，也需要支持者與盟友。同樣地，如果你的表現與行為像個耀眼明星，接著卻遭遇挫敗，那麼你的敵人將會更加大肆宣揚，比起他們對較不具威脅性的人所做出的反應，你將面臨更激烈的負面攻擊。他們會試圖讓你在公司當權派面前展露最糟糕的一面，進而減緩你職業生涯的進展。然而，只要臉皮夠厚，你還是有可能全身而退。

談過找錯關照者有多危險的獵人頭顧問克里斯多福，告訴我們另一個知名執行長的趣事。這位執行長個人的親切態度、魅力，以及高超的溝通技巧，讓他晉升到企業最高層，但他的決策技巧不按牌理出牌，導致他的部屬必須經常緊跟在他後面「收拾」。

「無所謂。他有喋喋不休的天分，外貌與言談就像個完美的執行長，因此從某個角度來說，他就是一個完美的企業執行長。他的團隊只要確保他在過程中所造成的損害能迅速補正即可。他也夠聰明，如果人們沒有做到他下的指令時，他不會大驚小怪；他只是保持微笑，揮揮手，當個人人喜愛的執行長。」

真實案例

死之華

瑪格莉特是一家大型法律事務所的合夥人，負責掌管衝突排解部門。她談到與能影響你職業生涯的人建立人際關係，以及把握任何機會接近這些潛在關照者的重要性。

我尤其記得一個案例，其中牽涉到我的一位同事。我之所以記得特別清楚，是因為當時它非常煩人。這位同事也是我的朋友，事實上是我把他介紹給事務所的，但後來他整整比我早了兩年成為合夥人，真教人情何以堪！不過我確實學到很重要的一課，那就是人際關係對你的職業生涯有多麼重要。

你可以認為自己絕頂聰明，一定會升官，但事實上人們會先去瞭解賣東西的人，才購買產品。知道那句古老的銷售諺語嗎？那是真的。你以為自己如此優秀，在下一個機會中一定雀屏中選，但其實另一個男生或女生的社交手腕比你高明；他們早已讓自己站上檯面，受到注目。所以，當關鍵時刻來臨，掌握權力的人會說：「瑪格莉特顯然非常棒，才華洋溢……諸如此類。但是史蒂芬妮亞實在出色，正是我們需要的那種合夥人人選。」

我們都會面臨某個時刻，那時的重點已經不在於你的能力或技術，而是人際關係。有些人就是能夠與他人產生聯繫；他們就是能夠與對的人「投緣」。我真希望自己過去能在那方面多花些心力。你知道，到了四十五歲這把年紀，我在這方面終於有了長進，好希望提早二十年就達到這個境界，但是以前我太自以為是了。我認為我非常優秀，工作又那麼努力，自以為其他什麼事都不必做，就能夠獲得獎勵。但是我學到，你也必須讓自己站上檯面；你必須與對的人產生聯繫。

事情是這樣的，幾年前，我們部門有一個資深律師的職缺，我認為我在另一家事務所上班的一個老朋友會是絕佳人選，於是我安排自己和他、我老闆共進午餐，在場的還有對那場午餐之約特別感興趣的一名合夥人，如此一來我就能介紹大家互相認識。

我們在一家高級餐廳見面，我朋友表現得十分得體，整場飯局進行得非常順利。不過有意思的是，午餐接近尾聲時，我的老闆問我朋友個人興趣這類常見的問題，想瞭解一下他的為人，而我朋友是個超級搖滾樂迷；他收集了許多音樂，尤其是經典的一九六〇年代美國搖滾。說實在的，他到了有點癡迷的地步。我的意思是，我很喜歡他，但是最好不要讓他開始談到死之華合唱團（The Grateful Dead）的哪些人跟傑佛遜飛船合唱團（Jefferson Airplane）的某某某一起組成了傑佛遜星船合唱團（Jefferson Starship）。千萬不要。

然而，我沒想到加入我們的那位合夥人竟然也是超級搖滾樂迷。他們倆開始爭辯「小妖女合唱團（Pixie Fairies）第二張專輯的貝斯手是誰？」這種事（對了，小妖女合唱團是我瞎掰的），不斷來回說著我從來沒聽過的人名和樂團名，在我們喝咖啡的時候大約聊了半個小時。那不是我人生中最享受或最有意義的半小時，但無所謂啦。

我朋友得到了那份工作，祝他好運，因為他非常盡忠職守，但是我注意到他會利用當時他和合夥人之間的那種同好關係。如果在辦公室遇到對方，我朋友就會從公事包裡拿出一張光碟說：「我想你可能對這個有興趣。」那可能是非法利益合唱團（Velvet Underground）的一張盜版唱片之類的。然後他還會找藉口進那位合夥人的辦公室，只因為他發現某次錄音時被剪掉的錄音片段。這招真的無往不利。我不是說他們變成麻吉，但他們有那樣的共通點；他使自己進入了那位合夥人的圈子裡。

我不想說我朋友變成合夥人時我輸給了他，因為他當之無愧，我也祝福他。不過，我自己多花了兩年時間才成為合夥人，而我確定那是因為資深合夥人比較不瞭解我。我的工作表現良好，但是這裡每個人的表現都很好。你需要讓自己烙印在別人的腦子裡，讓他們對你產生看法。不過首先，你需要建立人際上的聯繫。你必須設法鶴立雞群。如果你偶然發現你和某個重要人物擁有一個小小的共通點，就盡可能好好利用它。

我的建議是，盡量想辦法爭取機會，跟重要的人面對面。你不能顯得粗魯愚鈍，否則他們不會理睬你。但如果你發現你們可能有什麼共通點，就像我朋友、那位合夥人以及死之華合唱團，那就善加利用。把握機會。

案例分析

你無法在一個從來沒機會見面的人心中留下好印象。與企業中的高階主管見面，非常可能要看是否正好有機會：你們可能參加同一個委員會、在公司的同一場活動中交談，或在咖啡機前碰面。

把握機會，設法讓你自己被人認出來。如果有任何共通點能讓你們在日後再度展開對話，就好好利用；不要做得太明顯，但也不要太害羞。資深的高階主管喜歡與組織上下的人接觸；那樣讓他們覺得自己與員工有所聯繫。那是你留下好印象，獲得潛在關照者的良機。

在說話的同時，也別忘了傾聽：稍早我們看到，從企業權力結構更高層的人身上獲得的知識，會多麼有用。運用他們說的話來幫助你判斷，他們未來可能對什麼有興趣。如果他們明顯對目前公司營運的某個特定面向有興趣，就用盡各種方法策畫某種參與的方式：自願加入適當的工作團隊，加入電子郵件群組或線上論壇等。接著，再找另一個機會探索你和高階主管之間有什麼新的共通點。告訴他們，你有多麼興奮發現了它，以及你在那個專案計畫上有什麼傑出的表現。

社會參與的一般規則並不適用於企業。企業中的人，所談所為都關乎權力及影響力。你的優點、成就，以及我們在上一章談到的其他「資源」，都是你必須善加利用、讓自己嶄露頭角的工具，但是如果少了高階主管的佳評，想攀升到企業頂層，幾乎比登天還難。

你永遠不知道，在自己不知情的情況下，高階主管之間展開的某次對話，可能對你的職業生涯極其重要。你需要那些職位具有權力與影響力的人，願意挺你，為你擔保。

首要之務是，把握可能讓你引起資深高階主管注意的每個機會。再來，必須推銷你自己：盡一切努力強調你的才華、能力、經驗與成績。

但是要精挑細選你的表達方式；資深高階主管只會對貼近他們喜好的主題產生一丁點興趣。這代表你最佳的行動計畫，是從最一般的角度來留下好印象；明白表現出你是可以對公司做出許多貢獻，也可能對高階主管本身有助益的那種人。

請強調你覺得最興奮的事莫過於與高階主管合作，實現他們認為最有意思、最重要的事。關於他們面對的重大問題，你當然與他們看法一致，而且你必須對這一點表現出強烈的熱情：資深高階主管協助公司解決那些問題，進而也會幫助他們自己。

此外，還要強調你將在他們的權力爭奪戰中支持他們。

小結

如果少了位居要津的關照者，你幾乎不可能攀上顛峰。人們很容易以為，你的成果自然會展現你的績效有多好，公司裡每個重要人物都知道你多麼努力；但是，即使你的直屬主管和同事都對你讚譽有加，更高層的主管可能對你沒有特定看法，就算他們知道你的存在也一樣。當你的名字被提起時，需要一個為你擔保的人；這個人樂意耗費心力，證明你是一個有才華又成功的主管，可以為公司做出更多貢獻。如果人們與你有某種共通點，這麼做的可能性就高出許多——如果他們打從心底肯定你的才能，而且他們相信如果你獲得升遷，對他們也有好處；因為你會帶給他們成功，有助於他們自己的職業生涯，而且你在未來也會支持他們。

- 企業之內的人際關係是奠基於權力及影響力之上。
- 你需要建立自己的支持者團隊，也需要掌權者的支持，成為你的「關照者」。

- 如果人們相信你會支持他們，你的升遷將有助於他們未來的成功，那麼他們就會支持你。
- 找到對的關照者很重要。他們是正往成功邁進且同時能夠拉你一把的人。
- 錯誤的關照者很危險。與正在走下坡的人合作，可能傷害你的職業生涯前景。
- 你的職業生涯受到資深高階主管的影響。儘管你鮮少與他們接觸，但當你的名字被提出考慮時，他們的正面看法就是關鍵。

▼如果你的直屬主管支持你，並推薦你升遷，更高階的主管有可能不接受他們的推薦。

▼比直屬主管高階的關照者可以確保你順利升遷，即使你的直屬主管不支持。

- 與資深高階主管見面的機會相當稀少；盡量利用每個機會，尋找彼此之間的共通點，讓你與他們保持聯繫。
- 留下良好的印象。盡量運用你的相關成就，證明你可以成為具有價值的支持者；讓自己看起來像個贏家。

5 與眾不同

企業都說，他們的員工應該帶著獨特的個性與興趣來工作，提升職場的多元性與活力，但實情並非如此。

每家企業都有自己獨特的文化。它可能是穿襯衫打領帶、西裝筆挺的那種文化，或者短褲搭T恤的休閒文化，但是在西裝筆挺的文化中穿短褲，以及在短褲T恤文化中打領帶，同樣都是嚴重的錯誤。如果你硬要做自己，擺明了「不是我們的一分子」，從職業生涯的角度來看，就是起了一個非常困難的開頭。成功的企業主管會融入企業文化；他們會跟公司的重要人物一樣，穿相同的服裝、參加相同的聚會，去相同的地方。

我們熟識的一名資深執行長，非常簡潔地說出了重點：「如果你想贏，就照遊戲規則來。」

每家企業都有自己的一套潛規則和被接受的行為。這些行為和潛規則綜合起來就代表了該企業的「文化」。它們可能非常微妙而複雜，或十分簡單明瞭，但是如果你不遵守，職業生涯就可能嚴重受到影響。

當企業文化相對簡單明瞭時，就可以用運動來比喻：如果企業是在打板球，就沒有理由去打棒球；如果企業特愛綜合格鬥，就沒理由遵循拳擊比賽規則。比較複雜的企業文化就不妨看作一種老式的紳士俱樂部，其中的規則較難揣測。它們可能有嚴格的服裝規定；你中午用餐時或許應該坐在其他俱樂部會員旁邊，而不是與你自己的客人一起坐一張雙人桌；你的客人或許不能自己買酒喝；諸如此類的。想摸清楚這些規則可能需要一段時間，會員對新成員比較寬容，但是如果你繼續無視於這些規則，會員資格就會被取消。如果你隸屬於一個俱樂部，就要遵守它的規則；如果你不喜歡那些規則，就會被要求離開。

如果不遵守你公司的規則，想要打造成功的職業生涯，幾乎是不可能的任務。那就像在逆流而上。如果你在別人眼中非常融入企業文化，成為「我們的一分子」，那麼你就能專心讓你的成功發揮最大的影響力，建立你的權力基礎，打造一個關照者網絡，並獲得本書提到的其他有助於提升職業生涯的利器。

如果企業只能關注你似乎不是「我們的一分子」這一點上，那麼你在這些事情上就很難有所進展。如此一來，你的任何成功都將被當成僅此一次的特例——儘管你行為怪異，缺乏向心力，卻因為好運而交出亮眼成績。你也會發現自己難以建立權力基礎或找到關照者，因為每個人都會覺得那樣無異於押錯寶，因為他們（正確地）判斷你不是會在這家公司表現出色的那種人。

成功的主管不只遵守目前公司的規則，也善於在轉職到其他公司時，改變自己的行為，以適應不同的文化。

真實案例

急驚風與慢郎中

多年來，山迪普在一家速食餐廳擔任總經理。該公司對快速服務的重視也滲透到了它的企業文化裡。山迪普表示，如果忙碌的午餐時間有一臺收銀機故障，團隊不會停下腳步開會因應，而是直接動手解決。全公司上下的觀念就是迅速供應美食，絕對不讓顧客不開心，而這一點也影響了他們做的其他每一件事。

在山迪普的監督之下，他們的決策過程非常快，若有職缺也迅速補滿；公司內部很少開會，會議一向時間簡短、切入重點，就連總公司亦不例外。大家都不喜歡沒完沒了的討論和冗長的商議過程。公司獎勵迅速的決策和單刀直入的行動。

山迪普優異的公司治理能力為他贏得良好的聲譽，有獵人頭公司找上他，爭取他擔任一家金融服務公司的營運長，希望借重他的迅速決斷力。新工作一開始，山迪普就面臨一個小型危機：傳言公司所屬的集團即將進行組織重整，他部屬的重要成員都顯得緊張不安，有人談到要離職。山迪普很快就建立一套新的獎金制度，提供誘因讓主管留下來。他的分享如下：

這整件事當然是我和人力資源部一起合作的，而做這件事是應該的。它當然發揮了效果，也幫了公司一個忙。如果我們在那個時候失去任何一位優秀成員，可能會是一次大挫敗。當時我完全沒有猶豫；我就是那麼做了，因為那是我習慣的做法：碰上問題，解決問題，然後繼續往前走。但是在這家金融服務公司，卻引起了一點騷動。他們的資深主管介入關心，人力資源總監後來說，我沒有獲得進行那些改變所需的所有必要許可，程序也不盡然正確。

後來情況平息下來；我沒有被開除！不過那是我體會到的第一個徵兆，它與我所習慣的企業文化是那麼不同。就餐廳來說，速度最重要：品質與速度。但是在金融業，整個文化將正當程序和安全擺第一；他們重視審慎與周密思慮。我瞭解。我認為我們可以也應該加速工作的某些面向，那是我的主要任務，但我確實瞭解這種文化從何而來，原因何在。

金融產品很複雜。魔鬼就在細節裡，面對任何事情時，你都需要盡可能蒐集最多意見，以免有所閃失。然而在速食業，你念茲在茲的是健康、食安與品質，但過程中的其餘部分最重要的就是速度。所以，一種文化講求快速，另一種則緩慢進行。兩者沒有對或錯；只是不同而已。

案例分析

山迪普的經驗是企業文化差異的絕佳範例，也能說明造成那些差異的結構性問題。這些不同的文化都有不同的「規則」、習慣和行為。遵照適用於某種文化的規則是很重要的；在「緩慢」文化中求快，和在「快速」文化中慢條斯理，同樣不妥。

如果你正好跟山迪普一樣換了公司，而且在新職業生涯的初期就參與某個重大決策，可能很快就會注意到這種文化差異。山迪普迅速掌握企業文化的改變，並在他的管理風格上做出必要的調整。

在其他的狀況中，可能比較難發現新企業文化環境的主要特徵。不過你必須搞清楚新「規則」是什麼，並被別人看見你在遵守它們。如果你以為公司會顧慮你的行為，因而調整或忽略那些規則，那無異於自找麻煩。公司不但會感覺受到威脅，還會用盡藉口攆你走，因為你將會挑戰那些規則；你做事時不會「照他們這裡的規矩」。

企業文化一旦成形便難以改變。新成立的公司很快就會發展出自己的特殊文化，在創辦人的個性，以及第一批員工認為獲得所需結果的最有效方法的影響之下，逐漸成形。

如果創辦人是業務出身，例如ＩＢＭ創辦人湯瑪斯．華生（Thomas J. Watson），那麼公司就可能維持業務導向。如果創辦人是工業設計師與發明家，像是戴森公司（Dyson Ltd）創辦人詹姆斯．戴森（James Dyson），公司便可能保留以設計為導向的文化。

草創時期員工的經驗也會形成企業文化，因為他們會發現對剛成立的公司來說，生存的最重要條件是什麼。如果讓公司起飛的重點是更換產品，那麼注重業績的心態就會占據主導地位。如果重點是製造新產品，那麼著重生產的態度就會占優勢；如果重點在於寫程式，軟體工程師就會主導情勢，寫程式的專業將一直受到重視。無論企業初期形成什麼樣的文化，那個文化往往就會延續下去。

自以為企業文化會為了迎合你而改變，絕對不是一項好的職業生涯策略。請自行瞭解相關規則並加以遵守。如果公司有服裝規定，就設法將它融入你的穿衣風格，但不要太特立獨行，擺明了告訴大家，你與別人不一樣。更重要的是，讓人看見你與公司其他人擁有相同的心態。你大可發揮創意，挑戰陳窠，高瞻遠矚，但千萬不要落入「你與公司分道揚鑣」的窘境，因為公司永遠都會是贏家。

真實案例

黃色襪子與變形蟲圖案領巾

與我們熟識的瑪莉昂在一家管理顧問公司上班。她談到一個曾與她共事、浮誇到令她難忘的顧問。對方的本位主義和直言不諱的作風，為他自己帶來麻煩，影響到他在公司裡的職業生涯發展。詳情如下：

有個叫馬可斯的年輕人加入我們公司。你不可能不注意到馬可斯，因為他的服裝風格十分浮誇。他總是穿著黃色襪子，圍著一條有變形蟲圖案的領巾，西裝的內襯還是粉紅色的。而且他的西裝永遠都是訂製的；很高檔。不然，他就會穿一件奶油色的亞麻西裝，搭配紅色襪子和一頂短沿紳士帽，看起來像嗑了藥的富家少爺。

不過，他的頭腦非常靈活。他讀過中文和數學，還有牛津大學某個艱澀的科系，後來也在牛津大學拿到企管碩士學位。接著他就到我們公司上班。他聰明得不得了，是我見過最機靈的人之一，也是跟我共事過最優秀的顧問之一。我相當篤定他會在年輕得不像話的時候就當上合夥人，可是那個情況並沒有發生。

馬可斯還有另一個問題是他一根腸子通到底。他真的不在乎別人的看法。

有一次跟客戶開會時，馬可斯報告他的提案，而那個客戶的執行長是出了名的難搞；他的團隊對他敬畏有加，他的要求也一向非常嚴厲，就像他常說：「我為什麼要相信？你有什麼數據來佐證？」

當馬可斯報告完畢之後，那位執行長用他一貫的風格說：「要是我不同意你的看法呢？」整個房間鴉雀無聲，所有人的目光都移到馬可斯身上，然後他說：「那我會說你是個他媽的白癡。」他就是這麼說的，一字不差。現場靜默了許久。最後，那位執行長說：「這裡終於有人願意給我誠實的意見。」

於是他們倆開始變得很投緣；馬可斯的意見就是執行長一直想要的；馬可斯成為他做重大決定時徵詢的對象。

不過，資深合夥人們覺得馬可斯太過分了，不應該那樣跟客戶講話；這個策略的風險太高了。此外，他們始終沒有真正信任過他，儘管他一向完全透明。對於馬可斯，你看到的就是全貌。可是因為他對事情不會稍加修飾，不耍心機，他們從來就不是非常喜歡他。他太「衝」了；發生過太多「我就是這樣，不接受就拉倒」的情形。

經過一段時間，馬可斯始終沒有當上合夥人。資深同事就是不覺得他是「我們的一分子」；他從來沒有真正「加入俱樂部」。就我個人來看，我會說，如果你要真正聰明的人，就應該預期他們會有一些特殊習性。可是實情並非如此。對資深合夥人來說，馬可斯是一個風險，再加上他其實不是「他們的一分子」；他們無法與他和睦相處。

到最後，馬可斯換到另一家規模較小的顧問公司，因為他們讓他當合夥人。說老實話，這個人應該來治理公司才對，但是那應該永遠都不會發生。他就是不夠「善於交際」。他一向不照遊戲規則走。

案例分析

馬可斯這種類型的人，玩的是一場高風險遊戲。或者更有可能的是，他們只是在做自己，沒有「玩」的成分，然而風險卻很高。

企業喜歡員工融入公司，不喜歡有任何一個主管可能與別人明顯不同。如同我們在本章開頭所說的，這並不是企業實際上所說的對待員工的方式；它們宣稱自己「擁抱多元」以及「鼓勵熱烈的辯論」，還有讓它們聽起來宛如不同觀點與意見之大熔爐的各種說法。現實中，這是極罕見的例子。

對於何謂完美主管，企業自有其定見，他們不喜歡有人不順從那個觀點，無論他們可能有多優秀，因為那就表示企業失去了對其本身形象的掌控權。

此外，如果企業對於客戶關係有特別的處理方式，比方說，如果他們堅守的原則是「小心謹慎」、「客戶永遠是對的」，那麼與客戶採取比較對抗性的方式，就不會被接受。公司當權派永遠都會擔心，將來有一天你浮誇與對抗性的做法，會害他們失去客戶，同時他們也總是會認為你的成功與這種行事風格無關。隨著你逐漸攀向公司的最高層，組織文化會變得更明顯；位居頂層的人是企業文化的守護者。一個特定文化中的人絕對無法想像，不同的行事作風可能更好。

除了少之又少的例外，企業的員工通常具有十分相似的心態與觀點，即使那些人在一般認知的「種族與性別」組成上，顯得相當多元。種族與性別的多元，並不保證他們真的抱持各式各樣的不同意見。同一家企業中的人，將會開始以類似的方式思考與行事。將具有相同的抱負、希望達成共同目標與願景的人，集合在一起，幾乎難免帶來這種結果。他們很快就會達成共識，知道什麼是達成那些目標的最佳方式，以及什麼樣的心態最適合那樣的雄心壯志。

打個比方，如果你在一家精密工程公司工作，你的同事就可能行事精準慎重，非常注意細節，你也可能發現自己的行事風格與他們相似。如果你處在一個業務的環境裡，追求高業績，那麼你的同事便可能顯得積極直率，對於業績報告、難免昂貴的午餐和高額的出差帳單等小事情，不太會斤斤計較。

相似工作環境裡的人會開始出現相近的心態。這樣並不健康，因為它會導致團體迷思和一種心理盲點（mental blindness）：人們不再質疑他們做事的方法是不是最佳途徑，甚或那是不是明智的做事方法。事實上，所有的企業都亟需一種人，他們願意突破界限，不會受到那些迅速變成文化常態的事物所箝制，以及挑戰既定的行事方法。但是，身為進行突破與挑戰的那種人，卻不符合你職業生涯的最佳利益。怎麼做固然由你決定，但是把頭探出護牆的人，就會承受很高的風險。

在比較日常的行為層次上，如果你發現自己和公司之間真的有文化衝突存在，你真的難以融入，又不願意或無法改變，那麼你幾乎可以肯定，最好的做法就是換到一家企業文化適合你，而它也歡迎並讚賞你個性的公司。

真實案例

機車騎士會計師

幾年前，連恩在一家大型的會計師事務所上班。連恩聰明、專業能力強，非常瞭解如何在這一行得到傲人成績。客戶覺得他心思敏銳，幫了很大的忙；他通常也很好相處，這對會計師來說可不容易。

連恩愛穿有拉鍊的短皮靴，留著一頭修剪得很有型的長髮。他每天都騎著一輛復古風格的凱旋 Bonneville 機車上班，也騎著它去拜訪客戶；抵達客戶辦公室時，西裝外面會穿一件騎士皮夾克，手上拎著安全帽和公事包。

剛開始，公司縱容連恩的「古怪」，但不久之後他就發現自己面臨順應常規的壓力。他的分享如下：

他們講得很明白，說我應該把機車留在家裡，剪短頭髮，買些「像樣的鞋子」。從來沒有人拿給我一份指示清單，說：「做這個那個，不然如何如何。」那不是他們的行事方式。不過，我確實被禁止騎機車去拜訪客戶，他們給我「那樣無法表現事務所的正確形象」之類的理由。大致上，他們讓我覺得先前被年輕人視為好玩的那些不正經行為，已經不再好玩了，我需要融入他們；會計師不騎機車，只會穿有繫鞋帶的體面鞋子。

有一陣子，我不把這當一回事，還說他們只是一群典型的會計師。我覺得很好笑，但他們卻笑不出來。過了一段時間，我發現他們其實是非常認真的，除非我照規矩來，否則我的職業生涯將走入死胡同；除非我的外表和行為「就像一個在大型會計師事務所上班的人」。於是我離開了。

那是一份很棒的工作，離開讓我非常難過，但是我總是想打破常規。重點是，我想當會計師，卻不想當普通的那種會計師，而我以為那會是一件好事。所以，如果那不會是好事，我就不想再玩了。

後來，連恩進入一家剛成立不久的事務所，創辦人也來自一家大型會計師事務所，他想建立一種新型態的經營方式。新事務所的創業精神符合連恩的風格和觀點。這家事務所表現出色，幾年下來成長到十五名合夥人的規模，營業額高達一千八百萬英鎊，連恩自己也在加入幾年之後成為合夥人。

這家事務所在近期遭到併購，買家是一個集團，專門收購努力追求成長的小型成功事務所。該集團在一份新聞稿中宣布，它打算維持連恩原本事務所的「獨特文化」，但是擔任新事務所所長的創辦人卻宣布他即將離開，因為他認為新集團裡沒有適合自己的角色。連恩正等著看自己在新老闆帶領下的情況會是如何。他和一些合夥人也已經討論過自行成立一家新事務所的可能性。

案例分析

企業文化根深柢固，而且持久不變。有多少家企業，就有多少種企業文化：有的文化極為保守，有的稀奇古怪、無拘無束。連恩原本可以成功待在最初的事務所，並將他的獨特性格注入事務所的傳統文化中。這種想法固然很好；但在現實中，他選擇離開是絕對正確的。

在那家小型事務所較具創業精神的環境中，他的職業生涯得以順利發展。至於後來取得此成功新創事務所所有權、規模逐漸擴大的這個新集團，它的文化將對連恩和其他合夥人造成什麼影響，則有待觀察。

企業文化有一條法則，那就是如果要建立以多元性為基礎、活潑包容的文化，小公司遠遠來得容易許多。在較大型的企業裡，為了控制之便，它們往往會加強官僚體系，出現大量的「規則手冊」，以及一種反映了企業對不符其理想形象者的不安心態的文化。

購併小公司的企業，經常大談要維持小公司的獨特文化；實際上，大企業的文化往往會「緩緩滲透」到新收購公司的文化裡。連恩和他的同事很可能認為，他們在新公司重新創造他們的「新創」文化會比較開心。

企業文化還有一個需要小心應付的面向：跟各企業具有獨特的文化一樣，它們往往也有偏愛的活動，而且經常是由資深員工的興趣所引發的。

如果企業執行長相信他們自己的亮眼成績，主要來自強健的體能和每天到健身房運動，那麼其他所有資深主管就會有比照辦理的壓力：外表看來明顯「不強健」，就等於是職業生涯被判了死刑。

同樣地，如果新的董事長愛打高爾夫球，執行長應該就會擦亮他的球桿，陪董事長打一、兩輪，高階主管也會想陪執行長打一輪，經理則會想陪高階主管打一輪，於是這種受到偏愛的活動就一路向下擴散到全公司。

有時在企業裡受到喜愛的活動是壁球，那麼公司就會出現一個活躍的壁球聯盟，頂尖球員將會非常受到尊敬。如果公司贊助當地的足球隊（因為執行長是足球迷），那麼公司員工就會花很多時間在足球上。如果企業贊助歌劇，你就會發現企業員工招待客戶欣賞歌劇，或是以入場券做為獎勵或補貼。

企業會說它們歡迎職場上呈現真正多元，但其實言不由衷，當它們說鼓勵員工在工作之外有其他興趣，也只是說說而已。企業其實希望它們的主管拚命工作，還有花足夠的時間與家人相處，維持婚姻。在工作之餘擁有其他興趣這項規則的例外，就是從事公司偏愛的那項活動。

成功的主管會悄悄追求自己的興趣，避免引起太多注意。例如，如果他們的工作環境是一個「足球」文化，那麼他們就會對足球表現出正確的熱情，去看公司所支持球隊的重要比賽，並讓自己獲得足夠的資訊，才能和同事及高階主管開心地聊最新比賽結果、聯盟排名、讓人擔憂的傷兵和令人興奮的新球員，不過他們同時也不讓大家知道自己真正熱愛的其實是芭蕾舞。

真實案例

音樂停止的那一天

理查是一家連鎖酒館與餐廳的採購總監。他的職業生涯剛開始是一家大型超市的初級採購員，後來陸續在其他產業擔任較資深的採購人員，包括一家高速公路服務公司和一個飯店集團，最後才換到目前的公司。理查工作投入、認真，滿懷抱負。他喜歡酒館與餐廳業，打算朝這一行的綜合管理發展。目前的總經理已經透露，他本身可望很快就能晉升為執行長，而理查非常有資格取代他成為總經理。如果這件事短期之內不發生，理查就會到業界的其他地方尋找機會。

理查和我們談了他在職業生涯稍早所做的一項困難決定。

我始終是一個充滿熱情的樂手。我是吉他手，而且一直待在樂團裡，經常有演出。當我到那個飯店集團擔任採購總監時，我和老婆還為了工作搬家。過了一陣子，我開始接觸當地的音樂圈，加入一個樂團，並在當地的酒館演出。我已經沒有成為國際巨星的野心了！我只是喜歡繼續表演。週日的午餐時間，我們在鄉下有一場演出，週三則在市區離辦公室不遠的另一家酒館表演。可是對我來說，週三為了演出而開車回家換衣服，然後再開回市區並不方便，所以我都帶吉他到辦公室，下班後先在淋浴間換裝，再去表演。

飯店集團的執行長是個超級健身狂兼工作狂，每天早上六點在健身房待一個小時，七點半就坐在辦公桌前。我不知道他幾點離開辦公室，但總是比我晚。我喜歡盡量在孩子上床睡覺之前回到家。由於老闆是個健身狂，他認為別人都應該跟他一樣。說句公道話，他們在總公司確實為資深主管設置了一間挺不錯的健身房，有很多健身器材和一些滿好的設備。那被視為這份工作的福利之一。公司真的有一種在晨間、午休和晚間健身的文化。他們期望高階主管會使用那間健身房，越常用越好。我希望維持身體健康，所以午休時間大多會去運動，有時候早上也去。

有一天晚上，我在公司換了衣服，穿著牛仔褲，帶著吉他，準備出發前往週三的演出地點。我不喜歡把吉他留在車上，所以都把它帶進辦公室。結果我離開時碰見了執行長。他相當詫異地看著我的吉他盒，問了我幾個問題，我跟他說了樂團的事，就沒有再去想它。可是，之後我的直屬長官在跟我進行工作評估時，提到了樂團的事。她說她有點擔心我投入的時間，晚上的演出又到那麼晚，回家後一定很累，還有公司需要覺得我所有精力都放在公司，我完全專注在自己的工作上之類的。

但是我真的完全專注在工作上啊！我決心在事業上闖出一片天，繼續往上爬。玩音樂只是我的嗜好；我放鬆的方式。我不打高爾夫球，也不會整個週末坐在水庫邊釣魚。當時，我大部分在週六下午練團，還有去表演，如此而已。我老婆一向很贊成，因為她知道那對我很重要，但現在我覺得很清楚，公司擺明了不贊同。

讓我很不高興的是，團隊裡明明有不少人花了很多時間在運動上，網球、壁球、足球，什麼都有。但那卻是可以接受的，因為它們符合健身的原則；例如，我從來沒聽說過有人因為花太多時間在壁球場上，或是踢足球太累而被警告的。別人跟我一樣在下班後才去，但他們是去踢七人足球，或是狂練網球。或者他們會整個晚上都耗在健身房裡，那被認為是一件好事。然後他們週末大部分時間都在參加某個俱樂部的活動，或跟著他們的運動俱樂部旅行到某個地方——祝他們好運。可是那樣卻沒關係。運動或健身的時間怎樣都不嫌多，但玩音樂卻被視為妨礙工作。

我決定該是高掛吉他的時候了。其實，我的做法是停止固定演出。我還是會練習，但只是自己享受那種樂趣，偶爾確實還是會上臺玩票演出，即使到現在也一樣。不過玩票演出的事，我保持沉默。我認為這裡的總經理馬丁對此不會有意見，可是我已經學會不要太過張揚。如果別人問到我的興趣，我都說我會玩一點吉他，那樣是可以接受的。大家都會假定你是一個月拿出吉他玩一次，但其實我每天都會彈一下。我老婆容許我晚上坐在沙發上，戴著耳機彈彈音階！我覺得那樣能幫助我的頭腦清醒一點。

案例分析

理查的故事突顯了企業生活中非常真實的兩個面向。企業要你全神貫注；它喜歡感覺到你的時間與精力是以公司為優先。企業表面上説，希望你在工作以外擁有自己的生活，但那其實不是認真的。

企業要它們的主管健康，大多數（但並非全部）企業真的不希望它們的主管太快「累倒」，也希望他們有足夠的時間待在家裡，維繫婚姻（因為幸福的家庭生活能排解壓力，而且為了辦離婚焦頭爛額的人，無法將心思放在工作上）。可是它們並不是真的要主管們擁有令人廢寢忘食的嗜好。

企業往往也有偏愛的特定活動。它們可能是非常資深的主管的興趣，或是長期贊助的體育或文化活動。有時候，這種公司偏愛的活動有比較根本的來源：它們或許是從事某種運動的傳統（可能是七人足球或籃球、網球），因而促成不同部門組隊比賽，或是跟外部供應商的隊伍互相較勁等。接下來，這變成企業文化的重要部分，比賽結果都會通知全公司上下，資深主管也產生興趣。新進員工將被鼓勵加入球隊，而身為隊員也會變成一個建立人際網絡的重要機會。

如果公司真的有偏愛的活動，你就參加。不要聲張你的其他興趣。企業對於「錯誤類型」的興趣所抱持的敵意之深，可能會令人驚訝。

參加企業偏愛的活動是一種歸屬感的象徵；一種對企業文化的讚揚。如果被他人看見你耗費時間在性質不正確的個人嗜好上，就等於是不投入工作，是把應該貢獻給公司的時間和精力拿來濫用。

小結

每家企業都有自己獨特的文化，影響著企業上下的每個層面。反映那種文化的心態與行為，將會受到獎勵。迥異的心態與行為，則會被視為威脅，而且是「錯的」。這種獨特文化會形成一套潛規則：你必須瞭解那些規則是什麼，並且乖乖遵守。

唯有你乖乖遵守規則，才有可能專心發展你的職業生涯，開始說服公司，你有更多才能可以貢獻出來，拔擢你將符合企業的最佳利益。如果你不甩那些規則，公司將無法漠視你的與眾不同，以及你對公司本身形象造成威脅的事實。沉浸於自己文化中的企業也會深信，你的行事方式完全錯誤，你永遠都不會成功。你所有的成就都會被歸因於運氣好。潛在的支持者與關照者會擔心自己與你扯上關係，他們不相信你能夠在公司裡成功，因為你不遵守那些規則。

企業文化深遠而複雜。關於你的一切，你的自我呈現與所有行為，都關乎你是否被視為屬於那個文化，或是被當成外人。就連你在工作之外的活動，都將被納入考量的範圍：某些活動可能受到喜愛，有的則會被當成妨礙工作之舉，是在浪費你的時間與精力。

幸好，經過演進，我們已經非常擅長融入社群團體；我們往往會跟花最多時間相處的人變得很像。有一點很重要，你必須欣然接受目前公司的文化，並在轉換到不同公司時，也能夠改變你的心態與行為。如果你真的覺得難以適應某個特別的文化，就非常不可能在那個環境中成功，那麼你最好離開，再找一個會獎勵你本性的文化。

- 每個企業都有獨特的文化；它們往往在企業成立初期建立，而且持久不變。
- 企業文化會影響一切，並決定哪些行為是好的，值得獎勵。
- 這種文化會形成一套潛規則；為了獲勝，你必須遵守這些規則。
- 不遵守規則會妨礙你的職業生涯更上一層樓；你會被當成外人，那就代表賦予你更多權力並不符合公司的利益。

▼你不符規則的行為如果帶來任何成功，將被歸因於運氣好。

▼公司永遠都會擔心，你不符規則的行為會對它造成傷害。

▼潛在的支持者和關照者將不會投資在你身上，因為他們相信公司會排拒你。

• 企業想要相信它們對你的時間與精力擁有優先支配權；它們有偏愛的活動，並鼓勵員工參與，其他活動都被視為有礙工作，不利於員工專注在工作上。

• 我們都擅長適應不同的社群團體，請利用這種獨特的能力去融入。如果你換到一家新公司，就盡快去適應它的新文化。

• 如果你真的無法適應某種特殊文化，請換到一個適合你本性的文化；如此一來你會更快樂，也將比較成功。

6 堅持到底

最後一章要探討失敗主管的一種危險但常見的「好」習慣：「堅持到底」。認真盡責的主管往往認為一旦投入一個專案計畫，就應該看著它完成為止。他們覺得自己應該停留在目前的角色上，直到達成當初設定的某項目標為止，或是他們為自己設下，而且自認為在道德上有義務去達成的目標，然後才能考慮去尋找下一個機會。

從職業生涯的角度來看，目前占用你時間的角色只有一個功能：讓你可以發光發亮，如此一來你的職業生涯才能往下一個階段邁進。會有一個絕佳的時刻能讓你從目前的成功中汲取最大的力量，進一步獲得更高階的職位，但這個時刻不見得是專案計畫原本的「終點」，或是達到某個明顯的里程碑時。人們之所以獲得升遷，主要是因為他們的潛力，而不是目前的貢獻。如果別人看見你已經做出更好的新貢獻，而且可以將它交給別人完成，那麼你就能在一個較高階的新職位上運用你的才能，在那裡發揮影響力，並再度更上一層樓。這種無止盡移動的概念，在建立成功的職業生涯時是不可或缺的；在同樣的職位上工作多年，陷入停滯，不但曠日廢時，也會開始看起來像是失敗，因為你已經停止往上爬。時機重於一切。

在一個理想的世界裡，一個人只接受能給他大展身手機會的職位。可惜的是，事情沒那麼簡單。大多數的狀況剛開始看起來似乎都是好主意，可能需要過一段時間才會顯露出真面目。有時候，公司可能給你一個最初看起來令人興奮的機會，結果它實際上卻是一顆毒蘋果。當然，公司有時會直接交付給你一項艱鉅的任務，接下來在某個時間點，你就能明顯看出那項任務是不可能完成的。然而，即使是最終失敗或失去動能的角色，在開始時也充滿了希望與前景。它們可能是公司的寵兒，直到開始顯露敗相為止。與一般人認知相反的是，在蜜月期就參與一個注定失敗的專案計畫，可能是一個對職業生涯大大加分的舉動——只要你在適當的時間擺脫那個專案，也就是當大家都認為它一開始非常順利的時候，你就離開。

真實案例

陷入專案死胡同

海莉是一家汽車公司的工程經理。她與其他許多女性工程師一樣，逐漸在一個男性主導的行業裡嶄露頭角，但她記得職業生涯中有一段不太順利的特別時期，耽擱了她職業生涯的發展，詳情如下：

在我剛開始以產品工程師的身分闖出名號時，公司要我負責一項新技術的研發案。那真是令人興奮——對我來說啦。在汽車業，真正的突破並不多見。在我們這一行，電子控制差速器就滿讓人興奮的。雙離合變速箱也是。任何一位工程師都希望說他們參與了那類東西的研發。一般說來，我們這一行重視的不是重大突破，而是持續不斷的小進步。針對一件小機械、一個零件，你有一個精明的構想，可以讓它變成一件稍加改善的機械，達到節省成本的目的，或給顧客更佳的體驗，或提高安全性，諸如此類的。

我獲得領導那項新專案計畫的機會，而且我認為它有潛力成為一項真正的突破。那讓人非常興奮；我真的認為它可能徹底改變我的職業生涯。它是有機會成功的。不過那個專案計畫開始陷入停滯，出現了事前無法預料的問題，成本開始逐步攀升；我們不斷回去爭取更多經費，可是卻越來越難拿到錢。

大家開始緊張，而且持平地說，要我們證明那項新技術會節省成本或帶來可平衡收支的足夠收入，其實並不容易。那不是單純的研究；它是應用研究，必須有回收才行。有時候，研究帶來的可能收益十分龐大，所以經費不是問題：比方說，大家都在研發電池技術，因為那可能是一項改變市場的重大發展。不過我們的構想儘管美好（或者原本可能很美好！），卻不屬於那樣的性質。我們花的時間越久，其他技術就會越精進，任何可能的利益都會開始消失。

總而言之，我參與那個專案計畫的時間太久，甚至在它已經非常明顯不會有成果，或至少出現成果的速度不夠快時，我還是繼續堅持下去。那個專案計畫最後喊停，我也沒有從中獲得任何榮耀。

如果你瞭解這一行，就會明白它在我的履歷上看起來相當光采，因為那在科技層面上是非常先進的；它也讓我學到不少專案領導、人力管理，以及向資深管理階層報告的技巧。可是從我公司的觀點來看，我接下一項專案計畫，卻沒有達成使命。更糟糕的是，雖然我負責領導那個專案計畫，嚴格說來卻不算升官，所以它害我失去了平常的升遷機會，結果我有點被迫退出比賽的感覺。

如果我對職業生涯懂得多一點，推動那個專案計畫的決心沒那麼堅定，那我在第一年之後就會換公司。我的履歷表看起來很漂亮；領導那項專案計畫給了我真正的管理經驗，我應該善加利用，換到不同的公司尋找更好的新工作才對。我通常不會那麼做；我對工作非常專注而投入。我覺得一旦接下任務，自己好像就有義務要把事情完成。事實是，那個專案計畫最後喊停，而我依然是個產品工程師；在那個時候，公司並不覺得有責任找機會幫我升官。至少有一陣子毫無動靜。

到最後，我還是換到另一家公司，因為我覺得自己在原本的公司升遷速度太慢。

就職業生涯的角度來看，我會說那個專案計畫耗掉了我四年的時間。我能說服自己，從中獲得的經驗很有價值，但是我們任何人的年紀都只會越來越大，所以我真的要勇敢踏出去。

我知道自己在五年之後想達到什麼目標，再也不會讓任何事情阻擋我。我必須確定我正在努力的事情將會被他人視為是成功的。我想向上爬到資深管理階層，因此必須維持主流的地位，在業界打響名號。即便是了不起的專案計畫，也可能變得有點像死胡同一樣。

案例分析

我們很容易覺得有責任從頭到尾執行一項任務，或是對那些專案計畫產生感情，想要看到它們獲得成功的結果。如果一個專案計畫耗費太久時間才能完成，又無法提升你的職業生涯；或者更糟糕，如果它長期看起來似乎注定失敗，那麼在你的履歷已經因此獲益，且情況開始陷入泥沼之前，你就必須離開。

快去申請公司不同部門的職位，就說你很遺憾要向目前的角色告別，但是這個新機會實在太令人興奮，難以視而不見；如果沒有機會內調，那就跳槽到別家公司。

海莉讓她對專案計畫的承諾綁住自己太久了。她想要相信自己能讓它成功，儘管越來越多證據顯示那個專案計畫最初的期望並未實現，公司也逐漸對它失去信心。要是她專注在自己的職業生涯，而不是那個專案計畫上；如果她「抬起頭」，思考該專案計畫對她職業生涯發展所造成的影響，那麼就會明白它是在將她的職業生涯往後拉扯，而非向前推進。

你目前的角色只有一個目的：讓你得以發光發熱，給公司理由，讓你往上攀升到下一個階段。

在職業生涯的不同時候，你大概都必須面對失敗這件事。你接下的某項任務或專案——推出新產品、組織重整、執行計畫——將會開始出錯，就像海莉的研發案那樣。

如果你無法避免地與那項任務綁在一起，直到它明顯失敗為止，就職業生涯的角度來看，你還是有可能熬過那次失敗。那樣的情境或許並不理想，卻可以扭轉成你的優勢。

鮮少有人的職業生涯是奠基於連續不斷的成功上，每個人都應該預期自己在某個時候會面臨失敗，而訣竅在於讓外人看起來你還是掌控了整個局面。你可以責怪別人；責怪外在的因素。或許是實際上的競爭比任何人所預期的還要更激烈；或許是市場變得對你不利；或許是在你資源有限的條件下，那項任務不可能達成。

請強調你學到了教訓，然後繼續迎接下一個挑戰。如果人們看見你游刃有餘地處理了那個狀況，你也沒被當作你早該預料到的事件中的受害者，那麼就能克服失敗，不受影響。

這就是盡可能登上最高階職位之所以重要的另一個原因，而且要在職業生涯中盡早達成。在職業生涯初期，你很容易在出錯時遭到責怪。人們認定你缺乏技能或判斷力，導致你無法避免出狀況。畢竟資深員工需要代罪羔羊，以免自己承擔責任。一旦你晉升較高階的職位，你的技能就穩穩確立。你已經累積了更多「資源」（如同〈3 大方分享資源〉中所探討的），公司也更容易接受有些無法避免的複雜環境因素，導致這次的失敗不得不發生。

當你還資淺的時候，沒有立場去撇清個人責任。一旦你判斷一個專案計畫即將失敗，而你又覺得自己的地位不足以「超越」那次失敗，那你就必須離開它。離開的時機，請選在那項專案計畫會使你的履歷顯得漂亮，但是它尚未顯露敗相之際，同時利用這一點去爭取公司內部或其他公司最好的職位。

就像注定失敗的專案計畫是在樂觀與希望的氛圍中啟動，所以創下優異成績的角色，也有可能長時間下來顯得平凡無奇。因為先前的成功變成「新常態」，公司不再覺得有什麼特別棒的事情發生。堅守一個已然失去耀眼光芒的角色，跟堅守一個逐漸走向衰敗的專案計畫一樣，都對你的職業生涯前景不利。

從來沒有人因為參與一項只是達成預訂目標的計畫而聲名大噪。請在最完美的時刻，善加運用你至今所有的成就，獲得更高階的職位；至於達成計畫預訂目標這個吃力不討好的任務，就留給別人去做吧。

重要的是，讓別人在行動過程中看見你。正如拿破崙給旗下將軍的知名常規命令中簡潔地指出：「往槍聲的方向邁進。」前往戰役進行的地方，讓你自己成為英雄人物。

解讀市場

大多數事業的成功都是由市場決定的，而非任何個人的英雄表現。在衰退的市場中，事業往往陷入掙扎，而在掙扎求生的事業中要看起來像個耀眼明星，非常不容易。當事業蒸蒸日上時，要展現出明星樣就簡單多了。

對於市場，任何人能做的事都非常有限，因為它們都有自己的趨勢，不過我們倒是有可能解讀市場，根據相關資訊來預測市場的方向。在此給你的明確建議就是，不要到你認為相關市場即將開始衰退的公司任職，而是應該尋找你覺得相關市場即將起飛的那些公司。將你的職業生涯想成一項投資：尋找新興的牛市，提早進場；如果你發覺一個市場陷入衰退，就率先退場，而不是最後才離開。

此外，也要緊盯你自己公司的績效表現。可能有某些時候，你的公司獲得天時地利，處於對的市場，但是公司的經營者卻表現欠佳。在這家日漸衰敗的公司裡，你可能暫時是個明星：只要你還能夠運用目前的成功優勢，就盡快轉換跑道。如果拖得太久，你的職業生涯將會因為與這家步入衰敗的公司扯上關係而受到牽累。

任何人的職業生涯都可以分成三個階段：初期、中期以及晚期。在你的職業生涯初期，頻繁轉換工作是完全可以被接受的。那是屬於嘗試的階段。你可以利用這段期間轉往你有興趣、位於強勁市場中的成功企業；你從初期職位獲得的經驗，將有助於你分辨所選擇的行業有哪些部分是最強的。

在後來的職業生涯裡，你開始有必要在每個職位待滿「像樣的期間」，否則就可能被視為一個缺乏定性的人，永遠無法達成有意義的結果。這就是為什麼在對的市場裡找出對的公司，並在那裡度過職業生涯的關鍵「中期」是如此重要。職業生涯中期的後段代表「職涯顛峰」；那是你的地位最適合做出職業生涯最大變動的時候，希望能一舉攀上最頂層的職位。職業生涯的晚期應該享受此時因權力最大所帶來的好處，如果有必要，偶爾也可以進行策略性的轉職變動。

在你的職業生涯中盡早做出對的抉擇，就像盡早開始撥款到退休金帳戶裡一樣。如果你年輕時就開始存退休金，等到退休時就能累積成一筆可觀的金額；如果太晚開始，要趕上相同的金額就非常困難。你的職業生涯亦是如此。將多年時間浪費在一個沒有前景的角色上，可能對你職業生涯的發展造成非常負面的影響。你實在沒有時間可以揮霍。把握每個機會，尋找下次更上一層樓的時刻。對於時機的掌握必須快狠準：一旦你在目前的角色有所收獲，可以用它來晉升到下一個層次，就好好利用，採取行動。時機就是一切。

真實案例
她的大好前程

瑪莎是我們認識的一位獵人頭顧問，她告訴我們凱瑟琳的故事。凱瑟琳目前是英國一家大型食品製造商的執行長。在接掌這個職位之前，凱瑟琳在一家大型消費品公司擔任食品部門主管。她是那家公司最年輕就爬到部門主管職位的人之一，被視為明日之星。凱瑟琳換到不起眼小公司的這個舉動，令許多人感到意外，但是瑪莎相信那是一個非常明智的決定。瑪莎的分享如下：

老實說，凱瑟琳始終是一個耀眼明星。她和我有私交，我們在大學就認識了。我很有興趣觀察她的職業生涯，也感到一點敬畏之心。大學畢業之後，她進入一家飲料公司當業務，面對的客戶是大型超市。她換過幾家公司，很快就在一家食品公司當上營業經理，負責一家主要的超市客戶。接下來，她踏出非常聰明的一步，轉往目前這家消費品公司，在食品部門擔任客戶事業經理，面對同樣的那家超市客戶，並開始一路往上爬。後來她調到個人用品部門擔任營運經理，那是一個非常聰明的動作：當時個人用品正經歷一個快速成長階段，她創下了一些傲人的成績，開始真正打響自己的名號。接著她又回到客戶業務這邊，擔任一個資深的職位，繼續努力向上爬。她分別在不同的職位做了幾年，這裡四年，那裡三年；歷經的時間足以讓她建立名聲，然後再往上發展。她當上食品部門主管時，還不滿四十歲，而食品還是他們最強的部門之一。大公司，部門主管。那可是一個了不起的職位。

在這種情況下，你有可能在不太久的將來得到公司裡最高階職位中的任何一個。你的未來相當穩當；你可以直接坐等結果，日子不會過得太差，報酬也是可以接受的！但是凱瑟琳認為那樣花的時間太久了。她要我以一個朋友的立場提供意見。我說，我認為那是一個勇敢的舉動，我能理解當中的邏輯。於是她在那家食品製造商爭取執行長的職位；他們雖然是主流公司，但不是十分耀眼，表現不是非常好，所以他們需要一個具有新思維的執行長。

凱瑟琳的看法是，她知道自己能整頓公司；這家公司沒有什麼無可救藥的地方，她確定自己能扭轉乾坤。她的戰略是在這個職位上打響「年輕成功執行長」的名號，而她的目標則是成為《倫敦金融時報》百大企業（FTSE 100）最年輕的女性執行長之一。我看不出她達不到目標的理由。她在食品業獲得許多媒體報導，在財經媒體也一樣。她的下一步有可能進入任何行業。一旦做完目前公司的工作，還有大好的前程等著她。

案例分析

凱瑟琳的職業生涯是一個足以當作楷模的成功故事。她早期的做法樹立了她的專家形象，證明她擅長為不同的食品與飲料製造商處理主要超市客戶。她善用自己的技能與專業，在一家大型消費品公司爭取到一席之地，依然負責面對超市客戶，然後又證明她的多才多藝。她在非食品部門的表現非常優異之時，調到該部門的管理職，使她得以交出一些非常傲人的成績。在後續的職位上，凱瑟琳停留的時間剛好夠久，足以發揮影響力，接著再晉升到下一個更高階的角色。

她職業生涯的動能帶領她在不到四十歲的年紀，就在一家超大型公司晉升至非常高階的職位。在這個時候，完全站得住腳的做法就是留在原地，謀求公司裡某個最高階的職位。然而，這需要時間，而且具有風險；最高階的職位會有許多競爭對手，大企業的內部政治情勢也可能難以預料。

因為年紀輕輕就在小公司擔任執行長的角色，凱瑟琳已經聲名在外，吸引了整個業界以及更廣大商業圈的注意。同時，凱瑟琳也因為挑選了一家她相信自己能改變的公司，爭取到讓自己成為耀眼明星的機會。夢想開始要成真了。凱瑟琳即將確立自己的地位，成為一個活力十足的成功執行長。現在，她的條件足以接掌任何大企業的職位，而且非常可能實現她的目標，成為英國大企業最年輕的女性執行長之一。

你承受不起把時間浪費在無法提升職業生涯的任何專案計畫上。如果你覺得自己停滯不前，那麼事實上你就是在往後退，因為別人將會超越你。在達到「職涯顛峰」的那一刻之前，每一個職位都必須提供你發光發熱、推動職業生涯更上一層樓的機會。

《孫子兵法》的〈作戰篇〉中提到：「故兵貴勝，不貴久。」漫長的軍事戰役耗損心力又所費不貲；作戰的目標是盡快獲勝。工作的目標是在每個階段盡可能快速獲得升遷，而不是在責任心或義務感的驅使之下，經年累月參與同一個專案計畫。

在職業生涯的每個階段，不妨問問你自己：「現在市場在哪裡？這是對的時機嗎？這是對的公司嗎？我應該繼續待在這裡嗎？」如果獵人頭公司與你接觸，儘管接起電話。永遠都要抱持開放的態度，準備有所變動。

提防企業內部的「團體迷思」效應。所有的企業都傾向於樂觀，它們會說服自己，情況不如表面上那麼糟糕，很快就會改善。悲觀被視為無濟於事，只會「陷入負面漩渦」。

在工作上保持樂觀，善盡職責；但是對於真實狀況，你自己必須極度務實。在某種程度上跳脫自己和公司的立場，好好檢視你職業生涯的進展；思考你在組織內的角色，分析還有什麼向上爬升的可能性。如果你在目前的公司真的還有機會，就設法好好利用它們。如果該是換一家公司的時候，也請採取行動。將你的職業生涯當成一場棋局：你必須有一套戰略，並提前想好接下來幾步棋該怎麼走。一次踏出一步，且戰且走，並不是致勝的策略。

真實案例

媒體寵兒

本書稍早提出的真實案例中，某家大型獵人頭公司共同創辦人克里斯多福敘述了「錯誤的關照者」故事。克里斯多福還說了另一個引人省思的故事，關於時機在職業生涯中的重要性，以及在對的時間與地點站穩自己定位的訣竅，詳情如下：

我們有一個特別的客戶，非常能幹又渾身散發無比魅力。他總是把狀況掌握得一清二楚，而且擅長帶人，有本事召集優秀的團隊到身邊來。不過，他的核心能力是設法讓自己得到理想的職位，不但因此好事連連，他也能獲得功勞。你可以說那是運氣好，但是我認為那才是真本事。

如果你問我對他能力真正的看法，我必須說，他並不如其豐功偉業所顯示的那麼厲害。他很優秀，但並非頂尖人才。我想說的重點是，最有才能的人不見得會獲得應有的結果。但你不可能得到頂尖職位卻又是個大蠢蛋。好吧，這是有可能的，但是你往往很快就會露出馬腳。

在我的經驗中，表現出色和總是缺乏臨門一腳的人之間，差別不在才華或能力，差別在於時機：在對的時間，讓自己在對的地方坐上對的位置。只有少數人（真的只有區區幾人）是貨真價實的變革推動者，在一家企業陷入困境時取得掌控權，然後讓它鹹魚翻身。我個人特別喜愛的例子是史蒂夫・賈伯斯（Steve Jobs）在一九九〇年代末期重返蘋果（Apple），以及雷富禮（A.G. Lafley）在二〇〇〇年接掌寶僑（Procter & Gamble）。這兩家公司在他們加入之前都陷入嚴重危機，而他們也徹底翻轉了公司的命運。

所以那就是黃金準則：領導人可能對企業造成龐大的影響。當公司的情況糟到不行時，這些英雄人物挺身而出，改變了一切。我很想說我的工作就是找出英雄人物，不過我必須告訴你，我的工作比較像是找到值得信賴、可靠的人。我尋找的人必須懂得如何駕馭組織系統；他們具有領袖風範，能激勵一個組織的成員，通常也會利用已經出現的局勢。

真正成功的那些人，有很大一部分都不是在面對重重險阻、逆勢而行的情況下，達到驚人的好結果；他們往往是站在浪頭上，讓成功的企業更上一層樓。他們善加利用已經出現的一股潮流。我這位客戶就是一個標準的例子。

他表現出色。他待的行業有點冷門，坦白說，他就像是拉著老闆的衣角前進，而且有好一陣子了。他的老闆才是真的才能出眾，但是我的客戶把公司經營得有聲有色，建立了優秀的團隊，完成其他所有的任務。老實說，他大可坐等老闆退休，不過他知道目前公司的績效表現不足以讓他揚名立萬，也明白他的地位足夠讓他有機會在別的地方找到最高層的工作。於是他找上我們，我們就把他放上人力資源市場。我幫他在不同行業的一家公司找到最高層的工作。就表現績效來看，那家公司跟他的前公司屬於同一個等級：業績穩定，但沒有什麼傲人之處。但這位客戶對那家公司表達了特別的興趣，說他覺得他們潛力無窮。

這位客戶是實力堅強的候選人：擁有亮眼的豐功偉業，值得信賴，在評價良好的公司擔任過高階職務。他得到了那份工作，而且進入的那個行業正好剛剛起飛，開始賺進大量的利潤。所以，我們的客戶當然成了英雄，百分之百的英雄。

一個月之前，我和他喝咖啡，問了他的情況，他也十分坦白。他說：「克里斯，我告訴你。我做了一些改變，對公司的新方向提出重要的意見，但其實這一行本身就已經在瘋狂成長了，而且是以指數方式急速發展。我以前就感覺它可能出現驚人成長；過去六個月左右，許多人對這一行產生興趣。我可以恭喜自己做出正確的決定，可是目前的成功是市場造就出來的，而不是我做過什麼特別的事。目前我是這整個行業炙手可熱的執行長，也是媒體寵兒。我知不知道我們的績效表現原因其實不在我做的任何事情，或我擁有的任何特殊個人特質？是的，我知道。但每次一開口，我就會告訴媒體這一點嗎？不，我不會。」

案例分析

克里斯的客戶是證明「時機」在職業生涯中有多麼重要的好例子。

首先，他的客戶精明地判斷出尋找執行長職位的時機已經成熟；他的履歷也夠漂亮，足以讓他現在就雀屏中選，不必繼續等待。第二，他在原本的產業經驗豐富，足以讓他正確預測他獲得職位的新行業即將出現優異的績效。

現在他成了耀眼明星，不只是一家成功企業的執行長，更是一個卓爾出群的企業的知名執行長。現在他的職涯地位讓他再也不必操心往後的生計問題了。

如果要讓職業生涯更上一層樓，不妨效法成功的案例。記得要在對的時間占據對的位置；千萬要確保自己不是在錯的時間待在錯的地方。這一點適用於部門的工作情形，在公司的層次上也同樣適用；它適用於中階經理人，也適用於執行長。

在一個衰退的市場中，你幾乎不可能成為耀眼明星。如果你的部門前景黯淡，就設法調到一個成長力道強勁的部門；如果某個市場顯露出起飛的跡象，就到那個市場找工作。

不論在職業生涯的哪個階段，你的重心都必須放在設法找到一個你能獲得功勞的職位。如此一來，當好事發生時，你才能夠說：「那都是我的決定。」

實際上不會全都是你一個人的功勞，因為那種情況十分罕見，但是公司當權派寧願相信他們掌控大局，好事會發生就是因為公司裡某個人做了什麼明智的事，而不願意承認好事是偶然發生的；儘管實情經常是如此。

公司當權派想要相信自己能夠複製成功，所以他們預設立場，認為這次特定的成功是因為你採取了某項明智行動的緣故。一旦他們這麼相信，你的名字就會一直與那項成就連在一起。你永遠都是「打進某某市場的那個人」，或是「有功於公司史上最成功的產品上市的人」。

我們都喜歡將成功歸功給某個人，失敗時也喜歡歸咎給某個人。讓你自己離開面臨失敗危機的領域，往逐漸成功的計畫和組織邁進。接著再設法登上擁有足夠權力的職位，盡可能攬下功勞。

小結

每個人的職業生涯都有一條發展軌跡，其中都有個人身價高漲的重要時刻。你必須利用這些時刻，讓職業生涯有所進展。一、兩年過後，那個機會可能消逝，而那一、兩年也將白白浪費掉了。就拿運動比賽來類比：你必須將主導比賽的時段變成計分板上的分數。

如果你是當紅炸子雞，但公司卻沒有提供任何升遷來獎勵你，那就跳槽到另一家公司。無論如何，獲得競爭對手挖角，可能會讓你的公司心甘情願為你創造一個機會。職業生涯毫無進展，既浪費了這股氣勢，也可能導致你不知不覺淪為隱形人，無人關愛。如果你的職業生涯顯得停滯不前，實際上就是在倒退。

最後請記住，這是一場零和遊戲：高階職位相當稀少。只要一個人成功坐上這些職位，就必定有另一個人失敗。如果不在身價高漲時有所進展，你就會錯失良機，而且自然會有別人趁勢把握。

- 認真盡責的主管覺得有道德義務，必須完成他們所接下的任務，但企業可能不會因此獎勵他們；只要你目前的成功在市場上有銷路，就盡快善加利用。
- 你目前角色的唯一功能，就是讓你可以發光發亮。利用機會發揮驚人的影響力，接著尋找能夠再度展露光芒的新角色。
- 無論你的專案計畫或角色最終成功或失敗，總有一個時間點是你的參與可以被描述為傲人的成功。好好把握那個時刻，時間一久，就連原本「成功」的計畫都會失去耀眼光采。
- 大部分的成功都是市場力量造就出來的。設法預測未來即將成功的領域，往那裡邁進。
- 天時地利固然重要，但地位足夠高階，以便在情況順利時攬得功勞，同樣不可或缺。
- 所有人的職業生涯都有一條發展軌跡，它會達到一個「職涯顛峰」的時刻。

▼在職業生涯初期多加嘗試，運用日益豐富的經驗來辨識可能成功的領域。

▼利用職業生涯中期轉往那些成功的領域，鞏固你的地位。

▼確保你在對的時間、對的市場，在對的公司擔任對的職位，才能善加利用「職涯顛峰」的時刻。

結語

在企業中站上高峰的權謀智慧

我們在本書一開始說明過，我們擔心自己對現代企業的許多看法，可能被視為「冷酷與憤世嫉俗」。我們描述的企業界「充斥著政治內鬥、政變、不斷變動的結盟關係、陰謀、背叛以及騙局」，而通常被我們形容為「馬基維利式」的那類行為，是最可能在企業界成功的。

不幸的是，根據我們的經驗，這是大部分現代企業生活的現實。本書中所有的「真實案例」都如假包換，它們來自我們自己的企業生活經驗，或是我們認識與共事多年的企業高階主管，以及經驗豐富的獵人頭專家告訴我們的。這些真實案例本身就能傳達出它們的訊息，無須多言。去問問任何人的工作經驗，幾乎每一個人都有類似的故事可以說。

這些案例有的相當令人震驚。人們遭到自以為值得信任的同事背叛，或是主管完成了公司所交付的所有任務，卻依然得不到感謝或獎勵。有的案例則顯示，在職業生涯的進展上，有些人就是天生比較容易做出正確的抉擇。有些人就是「想得通」，會採取最可能提升他們職業生涯的行動，機靈地避開各種死胡同和毒蘋果；有的人則直覺上就是搞不太懂企業的行為和結構，以及哪些行為最後可能在企業內部成功。這使得他們居於劣勢；我們希望本書能有助於彌補這種不平衡的狀況。

我們的主要論點如下：

- 企業不是「一般」社群。企業是法人，主要關注它們自身的生存。任何企業的雇員都有責任以企業的利益為優先。人們獲得獎勵的原因，是對企業本身有利的行為，而不是對企業其他雇員有利的行為。
- 企業會毫不猶豫地開除任何雇員，只要那樣做符合企業的最佳利益；這意味著企業和員工之間缺乏具有意義的忠誠。
- 比起資淺員工，較資深的員工職位較穩固，獲得的獎勵也較優渥，因此升遷的爭霸戰總是持續上演。由於高階職位極少，這是一場零和遊戲：任何人要成功，別人就必須失敗。想在職業生涯中獲得真正的成功，你就必須明白這些令人不安的現實。
- 企業行為核心現實，一共有八個原則：

1 企業不是社會結構
2 企業是封建王國
3 企業宮廷的成規與陰謀
4 成功的朝臣會主動追求更上一層樓
5 強勢的主人需要忠心耿耿的追隨者
6 誰都不能信任
7 人人都可用完即丟
8 企業時時處於備戰狀態

偉大的政治理論家馬基維利在十六世紀寫出關於文藝復興時期義大利的權力現實，他提出的忠告十分切合現代企業內部權力結構的「封建王國」本質。我們現在所形容的「馬基維利式」行為，正是最可能在現代企業中為你帶來職業生涯成功的行為。

馬基維利並沒有寫到文藝復興時期在義大利過著平凡生活的一般百姓；他寫的是義大利各個動盪公國的領主。他們掌握或追求權力，而其權力也不斷遭受攻擊。在現代企業中，比較高階的職位擁有較多權力，而人們競逐那些權力的方式基本上就屬於馬基維利路線。

對於在這樣的鬥爭中，一個人可以仰賴別人的程度，馬基維利不抱有任何幻想。他寫道：「人是忘恩負義、善變、虛偽、怯懦而貪婪的。」馬基維利表示，他們會在你成功時支持你，風光的時候什麼都答應你，卻在你亟需幫助時棄你而去。他提出一個著名的看法：結果，遭人懼怕比受人喜愛來得好，因為「比起冒犯遭人懼怕的那些人，人們在冒犯那些受到喜愛的人時，比較沒有顧忌，因為愛是靠責任來維護，而由於人的卑劣性，他們一有機會就會為了私利而違背責任；但因為人始終害怕懲罰，恐懼反而保護了你」。

結果，馬基維利偏好強勢多過弱勢，偏好恐懼多過愛。他主張，在理想上，領主會希望同時受到愛戴與懼怕，然而「在一個人身上結合兩者」並不容易，所以比較保險的選擇是遭人懼怕。[6]他還指出，領主應該在必要時欺敵，當個狡猾的「偽君子」，暴力偶爾也不可或缺。他的理由是，比起透過必要的殘酷行動，來維護國家穩定與繁榮的那些統治者，弱勢的統治者長期可能對國家造成更多傷害。[7]

幸好，遭人懼怕並非必要，即使在現代企業中也一樣（不過許多企業領導人接納了馬基維利的這項忠告，往往非常成功地讓人害怕）。有必要做的是：避免仰賴別人的善意，應該指望自己的利益才對。

我們的基本論點始終都是：企業內部的所有關係，最終都以權力為基礎。我們身邊的人不是朋友，攀登至顛峰的鬥爭是殘酷無情的。但這並不是說每個人都是我們的敵人，或者我們應該惡劣地對待同事。它代表成功的主管需要一心一意地追求職業生涯更上一層樓，而成功的關鍵就在於辨識權力存在於企業內部的何處；因此，不可或缺的策略就是讓你自己引起掌權者的注意，並獲得可能對你的職業生涯最有利的那些權力人士的支持。獲得他們支持的方法，就是證明你對他們有用處：如果賦予你更多權力，將有助於維護或強化他們自己的權力。

我們主張，許多才能出眾且高效率的主管，之所以無法在他們選擇的職業生涯領域攀上顛峰，是因為他們有一些「好」習慣，導致他們成為一般社群的模範生，但那並不是幫助他們在企業界成功的最佳途徑。我們探討了六種對職業生涯有害的「好」習慣：

❶太努力工作

因為工作太努力而無法向重要人物推銷你的成就與潛力，可能傷害你的職業生涯。你可能變成「隱形人」，或者整天被太多「事情」塞滿，根本沒時間規畫職業生涯的下一個步驟，或與重要人物建立關係。千萬不要假設如果你非常拚命工作，順

6 Niccolò Machiavelli, *The Prince*, Sweden: Winehouse Classics, 2015; p 51.

7 Ibid; passim

利達成你的任務，別人就會「特意」讓你升遷。那些在職業生涯更上一層樓的人，都是推動自己往前進的人。

❷ 樂於助人

如果你要成功，別人就必須失敗。你需要幫助別人，好讓他們能幫助你，但不要幫助他們過了頭，甚至協助他們在往顛峰邁進的競賽中超越你。

❸ 大方分享資源

你的「資源」，包括你知道的事情（技能）、經驗和人脈網絡，都是你的資產。你必須利用這些資源，讓職業生涯的提升達到最佳效果，不要太大方地分享給你的競爭對手。

❹ 單打獨鬥

每個成功的主管都需要關照者，一個關照他們職業生涯的利益、願意為他們擔保的人。高階主管之所以關照其他人，是因為他們相信自己關照的那個人將會帶來對他們有用的結果，而對方也會在關照者自己的權力鬥爭中給予支持。許多關乎你職業生涯的決定性對話，都在你不在場的時候進行。你一定要找到對的關照者為你發聲，在那些情況中為你辯護。

❺ 與眾不同

每個企業在成立之後很快就會發展出非常獨特的文化，並且維持一段很長的時間。明顯「與眾不同」、不融入企業文化，對你的職業生涯沒有助益。任何企業的高層都是企業文化的守護者；他們非常提防「不像他們」的那些人。每個企業文化都會形成一套潛規則，乖乖遵守才是上策：「如果你想贏得賽局，就要遵守規則。」

❻ 堅持到底

與生活中的大部分事情一樣，在職業生涯中，時機就是一切。堅持太久可能會傷害你的職業生涯。任何角色的目的都是讓你有機會發光發熱，好晉升到更高階的職位；「完成任務」不但沒有必要，還可能導致你停滯不前。接受一個新角色，發揮影響力，證明你準備好晉升到下一個階段。只要你目前的成就已能給予你足夠的力量，就盡快進行。當然，所有真正成功的人也都會在對的時間待在對的地方，而這是可以經過策畫的：往成功事業中的成功部門邁進。盡快成為高階主管，好讓自己在事業成功時，能攬得最大的功勞。

最後有一點值得補充。人們為了成功而「要盡心機」，完全沒有什麼好意外的。

生活中各個領域的成功，需要的不只是努力，還需要敏銳察覺到我們的社會環境；它會使我們改變自己的行為，以求進步，達到所追求的目標。鮮少有人的生活能夠在每種情況下都無憂無慮地「做自己」，而這是有正當理由的。想要在社會中生存，我們就必須以適當的方式待人處世。想要與伴侶建立成功的關係，我們就得調整自己的「自然」行為。如果有了孩子，我們會再改變行為，以便成為稱職的父母。當我們在做重大的人生抉擇，像是買房子或進行長期投資時，都是以馬基維利式的策略在思考。

如果你想像著我們能在上班時「做自己」，然後希望因此被發掘，獲得獎勵（不管我們原本的自我可能有多麼勤奮、敏銳與迷人），那麼這就如同你認為我們在行為上不需要做任何改變，就能在社會上揚名立萬，或成為令人渴望的人生伴侶一樣，都是大錯特錯。

建立成功的職業生涯需要努力工作、睿智的見解、良好的規畫、傑出的人脈網絡，還有馬基維利式的權謀智慧。

有一天，企業或許會變得不一樣。我們也寫了一本名為《蒸氣機故障》（*My Steam Engine Is Broken: Taking the organization from the industrial eras to the age of ideas*）的書，指出組織經理人所做的一些事情，或許不知不覺中還停留在工業時代。就是這些「工業」行為，依然驅動著現代組織內呈現出一些馬基維利式行為。

我們在那本書中建議，處理與改變這些過時行為最有效的方法，就是透過邊際效益的累積「一點一滴循序漸進」，直到新型態的組織出現，讓我們能夠以更人性化的方式合作，運用我們出於本能的社交能力以及自然的合作傾向，達到共同的目標。

當那些新型態的組織出現時，我們在本書中推薦的那些馬基維利式行為或許都沒有必要了。但在那之前，我們還是要遵循馬基維利式的權謀路線。現代企業還不是一般的社群。

在殘酷的商業世界中，馬基維利式的權謀智慧有其必要，不只是為了成功，也是為了生存。

不懂權謀的人，無法做大事：馬基維利教你如何在職場上出人頭地
（初版原書名：《馬基維利，請教我如何出人頭地：不懂權謀的人，根本無法做大事》）

Machiavellian Intelligence: How to Survive and
Rise in the Modern Corporation

作　　者——馬克・鮑威爾（Mark Powell）、
　　　　　　強納森・季福德（Jonathan Gifford）
譯　　者——吳緯疆
封面設計——陳文德
內文設計——劉好音
特約編輯——洪禎璐
責任編輯——劉文駿
行銷業務——王綬晨、邱紹溢、劉文雅
行銷企劃——黃羿潔
副總編輯——張海靜
總 編 輯——王思迅
發 行 人——蘇拾平
出　　版——如果出版
發　　行——大雁出版基地
地　　址——231030 新北市新店區北新路三段 207-3 號 5 樓
電　　話——（02）8913-1005
傳　　真——（02）8913-1056
讀者傳真服務—（02）8913-1056
讀者服務 E-mail— andbooks@andbooks.com.tw
劃撥帳號 19983379
戶　　名 大雁文化事業股份有限公司
出版日期 2024 年 2 月 再版
定　　價 400 元
ISBN 978-626-7334-66-9

國家圖書館出版品預行編目資料

不懂權謀的人，無法做大事：馬基維利教你如何在職場上出人頭地 / 馬克・鮑威爾（Mark Powell）、強納森・季福德（Jonathan Gifford）著；吳緯疆譯 . – 再版 . – 新北市：如果出版：大雁出版基地發行 , 2024. 02
面；公分
譯自：Machiavellian Intelligence: How to Survive and Rise in the Modern Corporation
ISBN 978-626-7334-66-9（平裝）
1. 職場成功法

494.35　　113000138

如果